Touch Screen Technology
and
Application

触摸屏技术及其应用

顾鸿寿 著

化学工业出版社

·北京·

本书是一本基础性的科普图书，共分为9章，主要介绍了触摸屏的相关知识，内容从触摸屏的历史发展开始，引入基础性的触摸屏技术，延伸至触摸屏技术相关的材料及其零部件，乃至目前触摸屏技术相关的应用领域及其相关特性等。

本书内容循序渐进，用通俗的语言将高深的技术讲解得非常易懂，精细绘制的图片生动形象，更好地帮助读者阅读。

本书适合触摸屏制造、应用领域的技术人员学习使用，也可用作高等院校电子、材料、光电等专业的教材及参考书。

觸控面板技術及其應用　顧鴻壽　著

ISBN 978-957-11-7632-1

本书中文简体字版由（台湾）五南图书出版股份有限公司授权化学工业出版社独家出版发行。

北京市版权局著作权合同登记号：01-2015-3951

图书在版编目（CIP）数据

触摸屏技术及其应用 ／ 顾鸿寿著. —北京：化学工业出版社，2019.2
ISBN 978-7-122-33449-7

Ⅰ.①触…　Ⅱ.①顾…　Ⅲ.①触摸屏　Ⅳ.①TP334.1

中国版本图书馆CIP数据核字（2018）第280644号

责任编辑：耍利娜　李军亮　　　　　　　　　文字编辑：吴开亮
责任校对：宋　玮　　　　　　　　　　　　　装帧设计：王晓宇

出版发行：化学工业出版社（北京市东城区青年湖南街13号　邮政编码100011）
印　　装：涿州市般润文化传播有限公司
710mm×1000mm　1/16　印张13¾　字数256千字　2020年8月北京第1版第1次印刷

购书咨询：010-64518888　　售后服务：010-64518899
网　　址：http://www.cip.com.cn
凡购买本书，如有缺损质量问题，本社销售中心负责调换。

定　　价：79.00元　　　　　　　　　　　　　　版权所有　违者必究

前 言

由于信息、通信、网络、软件、新材料等的相互搭配及创新，移动式个人设备成为日常生活中不可或缺的重要工具，人类与机械互动性的人机接口技术更显得其重要性。近年来，人机接口技术因前述的相关科技不断地推陈出新，而发展出一种更人性化的触控互动技术，尤其是最近备受瞩目的电容式触摸屏技术。美国苹果计算机公司（Apple Computer)于 2007 年推出移动电话 iPhone 之后，具有多点触控功能的投射电容式触摸屏技术成为人机接口技术中的新风潮，这是 UI 接口与触控技术之间的兼容性以及相配合性所导致的。

本书介绍了人机接口技术的基本原理及其动作机制、基本结构及其性能、基本特性及其功能、基本制程及制作方法、基本的应用及其变化性等。笔者将多年所收集整理的讲义资料等编写成系统和通俗易懂的教科性工具书，以供产、学、研、社等各界人士阅读。事实上，"科学生活普及（通）化、普通生活科学化"存在于人们的日常生活之中，日常所接触使用的产品，都是浅显易懂的科学技术所制造出来的，以使人们过上更完美舒适的生活。

《触摸屏技术及其应用》源自于在大学所开设的"薄膜技术及其透明导电膜的应用"以及"触摸屏与人机接口技术"的课堂讲义，它是一本基础性的科技书籍，各章节及其内容是简单且容易理解的，有助于一般大众了解触摸屏技术基本原理、基本特性以及其相关的应用等普通知识。

本书由 9 个章节构成，将从基础性的触摸屏技术延伸至触摸屏技术相关的材料及其零部件，乃至于目前触摸屏技术相关的应用领域及其相关特性等。其各章节的相关内容如下所述：

第 1 章的主要内容是介绍触摸屏技术以及透明导电薄膜的发展演变；第 2 章的内容则是叙述触摸屏技术的基本原理及其基本特性；第 3 章的

主要内容是描述触摸屏技术的基本种类、基本结构及其基本测量。第4章的主要内容是叙述触摸屏技术的关键性材料、关键性零部件及其触摸屏的接口技术等；第5章的内容则是介绍透明导电薄膜的基本种类、基本特性及其制程技术。第6章的主要内容是描述电阻式触摸屏的种类及其分类、结构及其特性、电路设计及其测量等；第7章的内容则是介绍电容式触摸屏的种类及其分类、结构及其特性、电路设计及其测量等；第8章的内容是探讨单片基板解决方案触摸屏技术，特别是目前最热门的单片玻璃基板解决方案触控技术，也就是仅有一片玻璃具有感应（感测）与保护等双重功能的玻璃基板；第9章的主要内容是讨论触摸屏技术的基本问题及未来发展等。

由于此技术不断地发展更新，书中不妥之处，望读者不吝赐教，以便再版时修订并进一步充实内容。

最后，感谢一些国内外友人协助提供有参考价值的数据、意见以及协助笔者一再地校稿等，使笔者能顺利地完成本书。在此，我也感谢我的家人全力的支持以及帮助。最后，感谢出版公司编辑部同仁们的辛劳，同时也将此份感谢之心，传达给疏忽而未列上的热心朋友们。

顾鸿寿

悉尼　新南威尔士大学

目 录

CONTENTS

第**1**章　绪　论❶

本章节的主要内容是触摸屏技术的发展演变以及透明导电薄膜的发展演变两大部分。一般读者可以经由其发展演变的历程，来了解触摸屏技术及其关键性材料——透明导电薄膜的相互关联性。

❶ 出版说明：本书原版在中国台湾地区出版，书中有大量专业词汇。为便于阅读，保留了原版的习惯用法。

1.1 触摸屏技术的发展演变

何谓"触摸屏（Touch Panel，TP）"？它是一种人机接口（Human Machine Interface，HMI）技术，是可以借由触摸而产生控制功能的一种接口组件，也是一种感测组件，如图 1-1 所示，触摸屏是将具有触控功能的感应式接口组件装于显示器或屏幕上。之前，市面上常见的是一种"电阻式的触摸屏技术（Resistive Touch Panel）"；近年来，由于美国苹果计算机公司的手机 iPhone 与平板电脑 iPad 附加一种电容式的触摸屏，因而促使"电容式的触摸屏技术（Capacitive Touch Panel）"获得更多的关注，进而引发各方的研究、应用。

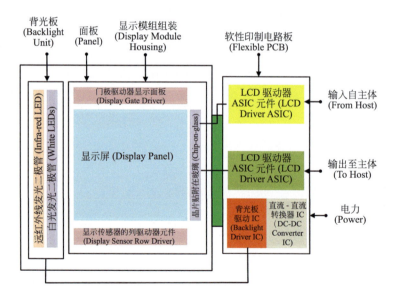

图 1-1　含有触摸屏的接口组件的人机接口系统示意图

触摸屏的发明，可追溯至 1971 年，Samuel Hurst 博士在肯塔基大学研究基金会的赞助下，发明一种具有触控功能的传感器，此传感器即是最早的触摸屏模型，其体积较大而且不具有透明性。此具有触控功能的传感器，可以使资料的输入方式变得较为便利，而且其输入的速度也较传统的要来得快。在 1974 年，Samuel Hurst 博士设计出更轻巧而有透明性的触摸屏，并于 1977 年正式申请五线电阻式触摸屏技术的发明专利。

触摸屏的应用，引领新一波的人机接口（Human Machine Interface，HMI）技术的应用风潮，而这期间不得不提及"美国苹果计算机公司（Apple Computer Inc.）"以及"美国微软公司（Microsoft Ltd.）"的努力与贡献，此接口技术的发展历程，与这两家世界级的信息公司息息相关。虽然此类型的技术可追溯于两次世界大战的军事用途，但是随着战争结束及和平时代的来临，触摸屏技术也由非公开性的军事用途逐步地成为公开性的民生用途，更激发科学家以及工程师的研究热忱，促使此技术不断地再创新与突破。

在 20 世纪 70 年代，美国军方因军事用途而发展出触摸屏，在 20 世纪 80 年代才将此类型的技术移转于民间公司发展民生用途，以至于发展出各种不同的应用及其用途。由于整合型技术的发展，以往传统式的输入或输出设备的"键盘（Keyboard）""鼠标（Mouse）""轨迹棒（Trackbar）""轨迹球（Trackball）""轨迹点（Track Point）"等产品，渐渐地无法满足市场的需求。触摸屏的特点是操作简单、使用容易以及人性化设计等，在 1999 年之后开始广泛地应用于各种不同的消费性电子产品，已成为重要的关键零部件之一。

1983 年是一个重要而关键的年份，因为在当时美国苹果计算机公司的乔布斯，参观施乐公司的 PARC 研究中心后，将所看见的一种"图形用户界面技术（Graphical User Interface，GUI）"的核心组件，应用于苹果计算机公司的 Lisa 系列计算机内部，其次再运用于 Macintosh 系列计算机系统中，这两款计算机均置入图形化操作接口技术以及鼠标的操作功能。美国微软公司的比尔·盖茨将此图形用户界面技术整合并应用于其下一代的操作系统。在 1990 年初期，美国微软公司发布 Windows 3.0 操作系统，并将个人计算机带入新的鼠标操作时代。目前，人们使用个人计算机的最普遍操作模式，即是键盘以及鼠标并用的操作方式。

实际上，在 20 世纪 90 年代，美国苹果计算机公司开发出世界第一台笔式输入的"个人助理机（Personal Digital Assistant，PDA）"，名为 Newton，此产品几乎与近年来所流行的"平板电脑（Tablet）"相同。之后，类似功能的产品，如惠普公司的"掌上型个人助理机（Palm PDA）"以及微软公司的"口袋型个人计算机（Pocket PC）"，都是来自于此信息产品的构思。近年来，随着全球性"网络（Network）"以及"无线通信（Wireless Communication）"科技的发展，2007 年美国苹果计算机公司 iPhone 智能手机的问世、2009 年美国微软公司 Windows 7 具有触控功能软件操作系统的发布，促使平板电脑再度崛起，尤其是美国苹果计算机公司 2010 年所开发的"iPad"平板电脑（Tablet），它运用以及结合人性化触控功能，而使得平板电脑的上市影响到笔记本电脑以及小型化计算机的发展，也使得各家厂商推出不同款式以及功能的平板电脑。"iPad"平板电脑所用人性化触控功能，是一种电容式的触控功能，有别于传统电阻式的触控功能，这也促进了人们对新型触控功能的研究与开发。

　　此外，另一个值得关注的焦点是美国 Google 科技公司。2003
年 10 月安迪·鲁宾（Andy Rubin）成立 Android 科技公司，并开
发出 Android 操作系统，以支持智能手机，因而有"Android 之父"
的称号。2005 年 8 月 Android 科技公司并入 Google 科技公司，并
在 2010 年年底使 Android 操作系统普遍地应用于智能手机以及平
板电脑，促使 Android 操作系统成为全世界第一大智能手机操作系
统，也相对地提升 Google 智能手机及其平板电脑的市场占有率。
在当时的智能手机方面，美国苹果计算机公司的 iPhone、美国
Google 科技公司的 Google Phone、韩国三星电子公司的 Galaxy，
形成移动电话通信市场的三雄鼎立。

　　触摸屏技术的关键性组件可分为硬件以及软件两大部分。从硬
件以及软件方面来看，"软硬兼施"的意义是硬（件）软（件）兼备
而发挥其功效，投射电容式面板技术的研发门槛较高，故很不容易
以纯硬件、软件的方式来直接解决，也不是一般 8 位微控制器
（Micron Controner Unit, MCU）可以有效地解决的，特别是在进
行平行处理不同复杂信号时，软件与硬件的方案需作最优化的搭配，
如此才能减少高速运算时中央处理器（Central Processor Unit,
CPU）的能量耗损。

　　触摸屏技术的关键性零部件有薄型强化玻璃基板、透明导电薄
膜蚀刻图案（Etching Pattern）、间隔物（Spacer）、光学贴合胶
（Optically Clear Adhesive/Optically Clear Resin, OCA/OCR）、
银胶电极材料、软性电路板（感应控制器及其 IC 组件）、保护板或
膜片（防刮伤或抗静电）、触控 IC 控制器（Touch IC Controller）等。

　　在软件驱动程序（Utility）方面，较常见的有 Windows 版

的 Windows 专业用数字板驱动程序以及 Windows 数字板驱动程序。然而，在 Macintosh 版方面，则有 Mac OSX 专业用数字板驱动程序、Mac OSX 一般用数字板驱动程序、Mac OS9 数字板驱动程序等。

此外，触摸屏技术讲究"工欲善其事，必先利其器"，也就是定制化及开发硬件／软件的工具。终端系统化的整合工程师，通常并不太熟悉显示面板的特性，而为了处理多样化使用情境的定制化需求，传感器控制 IC 提供者是否能够提供一套既完整又方便的硬件／软件的开发工具，是系统化整合者解决其开发周期以及产品稳定性的关键性因素。

本书前两个章节的主题是介绍触摸屏技术原理及其种类；紧接着两个章节的内容是讨论触摸屏技术的关键性零部件，并说明其传感器所用的透明导电薄膜材料。之后四个章节分别论述电阻式、电容式、光学式、超声波式等不同类型的触摸屏技术。

1.2　透明导电氧化物薄膜的发展演变

何谓"透明导电氧化物薄膜（Transparent Conductive Oxide Film，TCO Film）"？从定性的观点来看，它是一种同时具备透明性以及导电性的氧化物薄膜，也是组成光电组件中的一项极为重要的功能性薄膜材料。从定量的角度来看，透明导电氧化物薄膜的透明度必须在 80% 以上，而其电导率则是在 $1.0 \times 10^{3} \sim 1.0 \times 10^{4}$ S/cm，也就是其电阻率大小必须介于 $1.0 \times 10^{-4} \sim 1.0 \times 10^{-3}$ Ω·cm 之间。电导率（Conductivity）是电阻率（Resistivity）的倒数，也就是电阻率愈小的话，则其电导率相对愈大的。

透明导电薄膜的种类，因其薄膜材料种类的不同而有四个类型，如图 1-2 所示。四个不同类型的透明导电薄膜，分别是纯金属性透明导电薄膜、陶瓷性氧化物透明导电薄膜、导电性高分子透明导电薄膜、碳系材料透明导电薄膜。

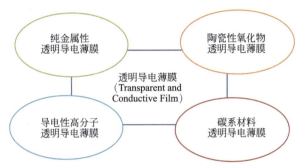

图 1-2　四个不同类型的透明导电薄膜材料

最早的透明导电薄膜，是以纯金属薄膜为主的，也就是第一类的透明导电薄膜。纯金属薄膜材料，是金（Au）、银（Ag）、铜（Cu）、铝（Al）、铂（Pt）、钯（Pd）、铬（Cr）等元素，其薄膜厚度通常小于 10nm，并且具有可见光的透光性。然而，透明导电金属薄膜的缺点是其光的反射率大、机械强度低、薄膜材料稳定性略差等。

一般透明导电氧化物薄膜（Transparent Conductive Oxides，TCO）是一种陶瓷性材料，它具有优异的透光性。在导电性方面，它本质上是一种半导体材料，而且其导电性接近于金属。陶瓷性氧化物透明导电薄膜即是第二类的透明导电薄膜。透明导电薄膜的第一个应用是军事战斗机的除雾窗户，而目前的主要应用是触摸屏、太阳能电池、发光二极管以及平面显示器等需要兼具透光性及导电性的产品。

第三类的透明导电薄膜是以导电性高分子有机材料为主的。在透明导电物薄膜方面，所使用的导电性高分子有机材料，其种类有聚吡咯（Poly Pyrrole，PPy）、聚乙炔（Poly Acetylene）、聚噻吩（Poly Thiophene，PT）、聚苯胺（Poly Aniline，PANI）四种。在这些材料之中，Poly Thiophene 的材料在大气环境中是较稳定的，而且其光穿透率是较高的。

第四类的透明导电薄膜则是以"富勒烯（Fullerene）""碳纳米管（Carbon Nanotube，CNT）"以及"石墨烯（Graphene）"的碳系材料为主的。有些文献报道，以纳米碳管或石墨烯为基材所制作的薄膜，可作为透明导电薄膜，其透光性及导电性已接近一般透明导电氧化物薄膜。

1954 年，德国 Rupprecht 博士在真空系统中利用加热使铟金属熔解而蒸发，并蒸镀于石英玻璃表面，再经由 700 ～ 1000℃ 的加热氧化处理，形成透明导电性的氧化铟（In_2O_3）薄膜。

1968 年，荷兰 Philips 公司的 Boort 博士和 Groth 博士在镀有氯化铟（$InCl_3$）的表面喷洒氯化锡（$SnCl_4$）溶液，再经由加热氧化处理而形成透明导电性的氧化铟锡或铟锡氧化物（In_2O_3–SnO_2）薄膜。此薄膜的电阻率约为 $3.0 \times 10^{-4} \Omega \cdot cm$，它比氧化铟（$In_2O_3$）薄膜的要低一个数量级；换言之，其导电性变得更好。

目前，市面上常见的透明导电氧化物薄膜，是一种由氧化铟与氧化锡所混合的"铟锡氧化物（Indium Tin Oxide，ITO）"。近年来，新型价廉的替代性材料被研究与开发，其中以"铝锌氧化物（Aluminum–doped Zinc Oxide）"获得较多的关注，进而引发各方的研究、应用。

　　透明导电薄膜的形成是将透明导电材料加以分解蒸发，并沉积于基板而逐渐地生出薄膜，其分解的方式有物理式的（Physical）以及化学式的（Chemical）两种。物理式的沉积方法有"热蒸镀法（Thermal Evaporation）"以及"溅镀法（Sputtering）"两种，而化学式的沉积方法有真空式的（Vacuum）以及非真空式的（Non-Vacuum）两种。在真空式的化学沉积方法方面，有蒸镀法（Evaporation）、溅镀法（Sputtering）、磁控式溅镀法（Magnetron Sputtering）等。在非真空式的化学沉积方法方面，有喷雾热裂解法（Spray Pyrolysis）、溶胶凝胶（Sol-Gel）、化学气相沉积法（Chemical Vapor Deposition）等。这些技术也将在后面的各个章节中分别介绍。

　　本章节已就触摸屏技术的发展演变以及透明导电薄膜的发展演变两大部分作了基本的概述以及说明，以使一般读者可以经由其发展演变的历程，来了解触摸屏技术及其关键性材料——透明导电薄膜的相互关联性；紧接着，在下一个章节将继续探讨触摸屏技术的基本原理及其相关的内容。

专有名词

01. 触摸屏（Touch Panel, TP）：它是一种人机接口技术，是可以借由触摸而产生控制功能的一种接口组件，也是一种感测组件。

02. 电阻式的触摸屏技术（Resistive Touch Panel）：它是一种利用电阻值的变化来感应外来的指令，进而进行侦测、运算、响应以及执行等动作的一种感测组件。

03. 电容式的触摸屏技术（Capacitive Touch Panel）：它是一种利用电容值的变化来感应外来的指令，进而进行侦测、运算、响应以及执行等动作的一种感测组件。

04. 键盘（Keyboard）：它是一种人机接口的技术，也是一种输入信号的重要接口工具；用户运用手指来敲打键盘上的文字、数字、符号等功能键，进而输入所需的信号。

05. 鼠标（Mouse）：它是一种人机接口的技术，也是一种输入信号的重要接口工具；使用者运用滑动的传感器来控制浮标移动至所需的位置而输入所需的信号。

06. 轨迹棒（Trackbar）：它是一种人机接口的技术，也是一种输入信号的重要接口工具；使用者用轨迹棒来牵引浮标移动至所需的位置而输入所需的信号。

07. 轨迹球（Trackball）：它是一种人机接口的技术，也是一种输入信号的重要接口工具；使用者用轨迹球来牵引浮标移动至所需的位置而输入所需的信号。

08. 轨迹点（Track Point）：它是一种人机接口的技术，也是一种输入信号的重要接口工具；使用者用轨迹点来牵引浮标移动至所需的位置而输入所需的信号。

09. 平板电脑（Tablet）：有别于一般桌面计算机以及笔记本电脑特性及其功能的一种可轻便携带与使用的计算机。

10. 铟锡氧化物（Indium Tin Oxide, ITO）：氧化铟与氧化锡以一定比例混合而形成的一种化合物，它具有透明性以及导电性等良好的物理特性，可作为光电组件中极为重要的功能性薄膜。

11. 铝锌氧化物（Aluminum-doped Zinc Oxide）：氧化锌与氧化铝以一定比例混合而形成的一种化合物，它具有透明性以及导电性等良好的物理特性，可作为光电组件中极为重要的功能性薄膜。

12. 热蒸镀法（Thermal Evaporation）：它是一种物理沉积法，用于制作薄膜，它是在真空系统之中，利用加热方式而使低熔点的物质产生蒸气，而沉积并堆栈于基板表面，以形成所需的薄膜。

13. 溅镀法（Sputtering）：它是一种物理沉积法，用于制作薄膜，它是在真空系统之中，利用电浆冲击靶材而将游离化的原子或分子沉积并堆栈于基板表面，以形成所需的薄膜。

习题练习

01. 请简要叙述触摸屏技术的发展演变。

02. 请描述美国苹果公司的触摸屏技术对其应用产品的影响。

03. 何谓人机接口技术？列出你所熟知的技术。

04. 请简要地叙述透明导电薄膜的发展演变。

05. 何谓透明导电材料及其薄膜？

06. 透明导电材料及其薄膜的主要应用领域有哪些？

参考文献

01. G. Walker and M. Fihn, "*LCD In-Cell Touch*", Information

Displays, Vol. 26 , No.3 (2010) 8−14.

02. A. Abileah and P. Green, *"Optical Sensors Embedded within AMLCD Panel: Design and Applications"*, International Conference on Computer Graphics and Interactive Techniques, (2007).

03. G. Barrett and R. Omote, *"Projected−Capacitive Touch Technology"*, Information Displays, Vol. 26 , No.3 (2010) 16−21.

04. United State Patent Application 2006/0097991.

05. I. Maxwell, *"An Overview of Optical−Touch Technologies"*, Information Displays, Vol. 23 , 12 (2007) 26−30.

06. J. Han, *"Low−Cost Multi−Touch Sensing through Frustrated Total Internal Reflection"*, Proceedings of the 18th Annual ACM Symposium on User Interface Software and Technology (2005).

07. G. J. A. Destura, *"Novel Touch Sensitive In−Cell AMLCD"*, SID International Symposium Digest of Technical Papers (SID' 4), Vol. 35 (2004) 22−23.

08. B. H. You, B. J. Lee and J. H. Lee, *"LCD Embedded Hybrid Touch Screen Panel Based on a−Si:H TFT"*, SID International Symposium Digest of Technical Papers (SID'09) , Vol. 40 (2009) 439−442. B. H. You, B. J. Lee, J. H. Lee, J. H. Koh, S. Takahashi and S. T. Shin, *"LCD Embedded Hybrid Touch Screen Panel Based on a−Si:H TFT"*, IMID Digest Technical Papers, (2009) 964−967.

09. K. Uh, J. Lee and J. W. Park, *"Touch Technology on LCD"*, International Display Workshop (IDW' 09) Digest Technical

Papers, Miyazaki Japan (2009) 2151−2153.

10. J. H. Lee and S. Takahashi, *"12.1−inch a−Si:H TFT LCD with Embedded Touch Screen Panel"*, SID International Symposium Digest of Technical Papers (SID' 08), Vol. 39 (2008) 830−833.

11. C. H. Li, M. J. Jou and Y. J. Hsieh, *"Multi−Touch Panel: Trend and Applications"*, SID International Symposium Digest of Technical Papers (SID' 09), Vol. 40 (2009) 2127−2130.

12. J. Karat, J. E. McDonald, and M. Anderson, *"A Comparison of Menu Selection Techniques: Touch Panel, Mouse, and Keyboard"*, International Journal of Man−Machine Studies, Vol. 25, No. 1 (1986) 73−88.

13. Y. S. Park and S. H. Han, *"Touch Key Design for One−Handed Thumb Interaction with a Mobile Phone: Effect s of Touch Key Size and Touch Key Location"*, International J. of Industrial Ergonomics, Vol. 40, No. 1 (2010) 68−76.

14. B. Thomas and I. McClelland, *"The Development of a Touch Screen Based Communications Terminal"*, International J. of Industrial Ergonomics, Vol. 18, No. 1 (1996) 1−13.

15. K. B. Chen, A. B. Savage, A. O. Chourasia, D. A. Wiegmann, and M. E. Sesto, *"Touch Screen Performance by Individuals with and Without Motor Control Disabilities"*, Appl. Ergonomics, Vol. 44, No. 2 (2013) 297−302.

16. Paul D. Varcholik, Joseph J. LaViola Jr., Charles E. Hughes, *"Establishing a Baseline for Text Entry for a Multi−touch Virtual*

Keyboard", International J. of Human-Computer Studies, Vol. 70, No. 10 (2012) 657–672.

17. Jong-Kwon Lee, Sang-Soo Kim, Yong-In Park, Chang-Dong Kim, Yong-Kee Hwang, "*In-cell Adaptive Touch Technology for a Flexible e-paper Display*", Solid-State Electronics, Vol. 56, No.1, (2011) 159–162.

第 **2** 章　触摸屏的基本原理与特性

　　本章节的主要内容是触摸屏的基本原理以及触摸屏的基本特性两大部分。一般读者可以借由其基本原理及其基本特性，来了解触摸屏技术及其相关的应用。

2.1　触摸屏的基本原理

触摸屏技术的基本原理，是依照其感测性物理特性及其数量的变化，而产生信号的感应、运算以及响应等动作，进而产生控制功能的一种人机接口的动作原理。由于感测性物理特性及其数量有不同的种类，因而其触摸屏技术的基本原理就有不同的类型与功能。下面将就四种不同的触摸屏技术来说明其基本的动作原理。

2.1.1　触摸屏技术的基本原理

在触摸屏技术方面，其主要的感测性物理特性有电阻、电容、声波、光波（电磁波）等，这些物理特性及其数量的变化将可作为传感器的感应参数，这也是触摸屏中感应器的基本动作原理。下面，分别说明以及论述这些触摸屏技术的种类及其基本原理，以了解其优缺点及其差异性。

就电阻式的触摸屏技术（Resistive Touch Panel）而言，它的基本动作原理是利用电阻值的变化来感应外来的指令，进而进行侦测、运算、响应以及执行等动作。

就电阻式的触摸屏技术而言，电阻式触摸屏可依其电极配线方式而分为四线式、五线式、六线式、七线式以及八线式等。这些类型的电阻式的触摸屏被发展出来，主要的原因是专利知识产权问题以及改善原有的特性与性能，因而有不同的设计与改造。

电容式的触摸屏技术，它的基本动作原理是利用电容值的变化来感应外来的指令，进而进行侦测、运算、响应以及执行等动作。

电容式的触摸屏技术，可分为表面式的电容（Surface Capacitive）以及投射式的电容（Projected Capacitive）两种。

当然，因基本原理的差异性，电容式的触摸屏技术又分为自容式的电容（Self Capacitive）以及互容式的电容（Mutual Capacitive）两种。

超声波式触摸屏技术，它的基本动作原理是利用传输换能器、接收换能器、反射板及控制器等构成一种模块或次系统；其基本的结构及其感应原理，是在玻璃 X、Y 两轴上及其对边分别安装上传输换能器、反射板、接收换能器，并再加上控制器而组成的面板。在三个角落安装上三个与超声波有关的组件，其中一个组件负责 X 轴的发射，另一个负责 Y 轴的发射，最后一个则是负责接收 XY 轴所传输而来的信号，借由介质触碰面板而造成这些声波衰减，紧接着经由接收器收到的信号计算出正确的位置。超声波式触摸屏技术，有时称之为表面声波式触摸屏技术（Surface Acoustic Wave Touch Panel，SAW TP）或声波式触摸屏技术等。

基本上，超声波式触摸屏是为了改善电容式触摸屏的某些缺点而研发的。电容式触摸屏非常容易受到某些噪声以及静电干扰而产生无法预期的特性，有些研究已在其表面镀上极薄的二氧化硅薄膜，使其表面硬化处理已达 7H 硬度值，并没有隔绝透明导电薄膜的表面电流，但是在施加于电容式触摸屏的外力太大时，则仍有可能伤及透明导电薄膜而造成故障问题，因而发展出新类型——超声波式触摸屏。对一般人而言，超声波是人类耳朵所无法听到的，因而此类型的触摸屏并不会产生不良的效果。

在光学式触摸屏技术方面，它的基本动作原理是利用光源接收以及光源遮断的基本原理，在面板范围之内安装布满光源与接收器而构成所谓的矩阵状排列，也就是在其对面设有一对应的光接收器，当光源被遮断时，可借由光接收器收不到信号的状态来精确地判断出 XY 的正确位置。

光学式触摸屏包含有玻璃基板（Glass Substrate）、红外线发射器（Infrared Emitter）以及红外线接收器（Infrared Receiver）等。红外线发射器以及红外线接收器均是一种发光二极管组件。一般是将红外线发射器（Infrared Emitter）装在玻璃面板的左侧及其下方，而红外线接收器（Infrared Receiver）则是在玻璃面板的右侧及其上方；当手指或接触物质遮蔽红外线的时候，则经由红外线接收器接收此信息后，即可测得接触点的矩阵坐标位置。

近年来，发光二极管组件质量管控不断精进及其制作工艺能力不断提升。光学式触摸屏的基本架构是由 X 轴以及 Y 轴所构成的矩阵式排列，其周围装设有红外线发射器及其接收器，当物体遮蔽其中的红外线，则即可自然地侦测出 X 轴以及 Y 轴的正确坐标位置。

除了上述的四种触控技术之外，因为材料、组件、制作工艺、模块、应用系统、结构等相关技术不断进步与发展，仍有各种新型的触控技术被发展出来，例如最新开发的图像辨识式的触控技术以及内嵌式的触控技术等。

在触摸屏技术之中，触摸屏电路的设计是极为重要的。电路 是一些电子组件所组成的系统，并具有至少一条封闭路径而可以促使电流流通；而这些电子组件包含有电阻器、电容器、电感器、运算放大器（Operational Amplifier）、被动组件、主动组件、线性组件、非线性组件，等等。因受限于篇幅，在此将仅就电阻器、电容器、电感器来举例说明。

2.1.2　电阻器的串联电路、并联电路、等效电路及其方程式

电阻器是具有电阻特性的一种组件。对电阻器而言，常用的两种物理性质，一种为电阻（Resistance, R），另一种为电阻系数（Resistivity, ρ）。电阻（Resistance, R）是组件可以妨碍电流（Electric Current）流动的一种物理性质，其单位是欧姆（Ω）。电流（Electric Current）是通过某一点的电荷时间变化率，其单位是安培（A）。电流的形式可分为直流电以及交流电两种。

电阻指电阻值，它的大小与其几何形状有着相互的关系。电阻系数（Resistivity, ρ）是指一种材料具有阻止电荷流动的能力，有时译为电阻率。电阻系数的大小与其几何形状没有相互的关系。电阻系数高的材料可以作为良好的绝缘体材料，电阻系数低的材料可以作为良好的导体材料。

欧姆定律（Ohm's Law）是欧姆所推导出来的一种电流与电压的关系式，其关系式如下所示：

$$V（电压）= I（电流）R（电阻）$$

此外，在一个电池以及一条均匀截面积的导线所构成的电路中，其导线中的电流值是

$$I = (AV)/(\rho L)$$

式中，A 是截面积；L 是导线的长度；V 是跨于导线上的电压值；ρ 是电阻率或电阻系数。电压（Voltage）是单位电荷从某一端点移动至另一端点所做的功，其单位是伏特（V）。

由此公式可以定义出电阻值是

$$R = \rho (L/A)$$

功（Work，W）是力量与距离的乘积值，其单位是焦耳（Joule，J）。功率（Power，P）是吸收或消耗能量的时间变化率，其单位是瓦特（Watt，W），也就是焦耳每秒（J/s）。

就电源电路而言，电功率等于电压与电流的乘积，也就是P（电功率）= I（电流）V（电压）。若将欧姆定律代入此公式，则电功率可以转换成P（电功率）= I^2（电流）R（电阻），或P（电功率）= V^2（电压）/R（电阻）。

电阻器根据其排列组合方式的不同，有串联电路以及并联电路两种。由这两种不同的排列组合方式，可以得到等效电路及其相关的方程式，因而可以简化电路及其参数的计算。

电阻器的串联电路及其等效电路的关系图如图 2-1 所示。

若以两个电阻器的串联电路来说，则其等效电路的电阻值为

$$R_{eq} = R_1 + R_2$$

电阻器的并联电路及其等效电路的关系图如图 2-2 所示。

若以两个电阻器的并联电路来说，则其等效电路的电阻值为

$$R_{eq} = 1/[(1/R_1) + (1/R_2)]$$

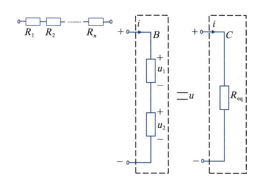

图 2-1　电阻器的串联电路及其等效电路的关系图

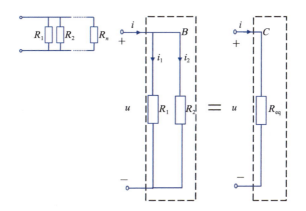

图 2-2　电阻器的并联电路及其等效电路的关系图

2.1.3　电容器的串联电路、并联电路、等效电路及其方程式

电容器（Capacitor）是由两个导电板所构成的一种组件，在两个导电板之间使用介电质或介电材料将其隔离，电荷则储存于导电板上。

电容器与电感器（Inductor）均是能储存能量的一种组件，也就是储能组件；它们也具有记忆特性。在直流电路之中，电容器的特性是类似于开路，而电感器的特性则像短路。

电容（Capacitive）是两个导电板或两根导线之间所储存电荷量与其电位差的比值，其单位是法拉（F），也就是库仑每伏特。电荷（Charge）是可以反映电现象的电量。

电容意指电容值，它的大小与其电荷量以及电压有关系。电容的基本定义如下所列：

$$C = q / v$$

式中，C 是电容值；q 是电荷；v 是电压。

此外，电容的另一种的基本定义如下所列：

$$C = \varepsilon (A/d)$$

式中，C 是电容值；A 是导电板面积；d 是导电板之间的距离；ε 是介电常数。

电容值与介电质材料的介电常数以及介电质材料的表面积呈正比例关系，而与介电质材料的厚度呈反比例关系。介电常数（Dielectric Constant）有时称之为介电系数（Permittivity）或相对介电系数（Relative Permittivity，$\varepsilon_r = \varepsilon / \varepsilon_0$）。自由空间的介电系数是 8.85×10^{-12} 法拉／米（F/m）。

电容器的电路符号及其组件方程式如下：

$$i(t) = C\,[\mathrm{d}\,\nu(t)/\mathrm{d}t]$$
$$\nu(t) = [1/C]\int_{t \to t_0} i(\tau)\mathrm{d}\tau + \nu(t_0)$$

电容器因其排列组合方式的不同，有串联电路以及并联电路两种；由这两种不同的排列组合方式，可以得到等效电路及其相关的方程式，因而可以简化电路及其参数的计算。

电容器的串联电路及其等效电路的关系图如图 2-3 所示。

图 2-3　电容器的串联电路及其等效电路的关系图

若以两个电容器的串联电路来说，则其等效电路的电容值为

$$C_{eq} = 1/[(1/C_1) + (1/C_2)]$$

电容器的并联电路及其等效电路的关系图如图 2-4 所示。

若以两个电容器的并联电路来说，则其等效电路的电容值为

$$C_{eq} = C_1 + C_2$$

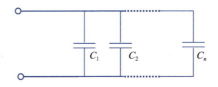

图 2-4　电容器的并联电路及其等效电路的关系图

2.1.4　电感器的串联电路、并联电路、等效电路及其方程式

电感值（Inductance）是电压及电流变化率的比值，其单位是亨利（H）；流过组件的时变电流将会产生电压而跨于此组件上；它以磁场形式来储存能量。

$$v = L(di/dt)$$

一个理想电感器是无电阻的线圈；当电流流经线圈时，其能量将存于围绕线圈的磁场之中。如果流经线圈的电流是一个定值，则跨于线圈上的电压值应该是 0；倘若流经线圈的电流是一个时变值的话，则在线圈上将产生一电压值，而此电压称之为自感电压（Self-Induced Voltage）。

电感器的电路符号及其组件方程式如下：

$$i(t) = [1/L] \int_{t \to t_0} v(\tau) d\tau + i(t_0)$$

$$v(t) = L[di(t)/dt]$$

电感器因其排列组合方式的不同，有串联电路以及并联电路两种；由这两种不同的排列组合方式，可以得到等效电路及其相关的方程式，因而可以简化电路及其参数的计算。

电感器的串联电路及其等效电路的关系图如图 2-5 所示。

若以两个电感器的串联电路来说，则其等效电路的电感值为

$$L_{eq} = L_1 + L_2$$

图 2-5　电感器的串联电路及其等效电路的关系图

电感器的并联电路及其等效电路的关系图如图 2-6 所示。

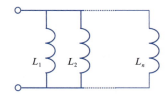

图 2-6　电感器的并联电路及其等效电路的关系图

若以两个电感器的并联电路来说，则其等效电路的电感值为

$$L_{eq} = 1/[(1/L_1) + (1/L_2)]$$

2.2　触摸屏的基本特性

触摸屏的基本特性，视其基本原理的不同而有差异。基本上，其基本特性的要求是低的耗电量、高的反应性能、高的整合度、高的灵敏度、高的抗噪声性、宽的操作电压范围、宽的操作温度范围、高的抗静电性、环境自我校正功能等。灵活而简易的触控解决方案，是触摸屏应用技术设计的主要诉求，这是需要超小型封装的高性能的触控感测芯片来配合的，进而整合于应用系统。触控感测芯片的特性将影响最终触摸屏系统的特性。

表 2-1 以及表 2-2 给出了五种不同类型触摸屏技术的特性比较，就基本原理、透光率或光损失因素、触摸介质材料、检测分辨率、准确度因素、易磨耗区域、产品特性、使用寿命、适用面板尺寸、产品应用、制造成本等特性进行比较性说明。这些特性的比较

是相对的而非绝对的，因而会随着时空变化以及技术的进步，有某些程度上的改进与改善。

表 2-1　五种不同类型触摸屏技术的特性比较（1）

特性	电阻式	电容式	超声波式	红外线式（光学式）	电磁感应式
基本原理	检测电压	人体静电感应电容变化	检测声波	信号遮断	电磁感应
透光率或光损失因素	85.0% 多层膜片	85.0% ～ 91.0% 镀膜玻璃	92.0% 玻璃	92.0% 玻璃	90.0% 玻璃
触摸介质材料	手或其他介质	手或其他带电导体介质	手或其他介质	手或其他介质	专用电磁笔
检测分辨率	触碰介质点面积	触碰点电容面积	超声波检测面积	红外线检测面积	感应触摸介质磁通量
准确度因素	DC 模拟增益及其偏位	DC 模拟增益及其偏位	声波速度	红外光束直径	磁通量变化

表 2-2　五种不同类型触摸屏技术的特性比较（2）

特性	电阻式	电容式	超声波式	红外线式（光学式）	电磁感应式
易磨耗区域	ITO 透明导电薄膜	镀膜玻璃表面	无	无	玻璃表面
产品特性	怕刮、怕火、透光率低	防污、防火、防静电及灰尘、耐刮、反应速度快	防火、耐刮	可靠性高、耐刮、防火佳、防水及防污性较差、容易误动作	压力感应度高、需使用专用电磁笔、体积大、组装不易
使用寿命	>10M 次	>200M 次	>10M 次	>50M 次	>10M 次
适用面板尺寸	19.0in 以下（1in=25.4mm）	5.0 ～ 21.0in	10.4 ～ 30.0in	10.4 ～ >60.0in 以上	10.4 ～ >60.0in 以上
主要产品应用	个人消费性影音产品	个人消费性影音产品、光电应用产品	光电应用产品	光电应用产品	光电应用产品
制造成本	低	高	高	高	高

以上所述的是针对触摸屏的特性作比较，而以下则是仅对触控感测芯片的特性作简要地陈述，详细的部分可见后面相关章节中的内容说明与陈述。

在电容式触控感测芯片方面，其基本特性有超低功耗的有限状态机（Finite State Machine，FSM）架构、高灵敏度容抗值变化的侦测功能、超小型芯片封装结构、自动校正功能、先进数据过滤性能（Advanced Filter System，AFS）等。

在电阻式触控感测芯片方面，就四线电阻式触控而言，其基本特性有简化而富有弹性的外围电路设计、超低功耗的有限状态机（FSM）架构、标准化 I^2C（IC 对 IC 的一种通信协议）总线的通信串行式接口、数据缓存器（Data Rigister）及动态追踪功能、新颖而适应外在环境变化的校正方案等。一般的芯片与系统之间通信接口技术，有通用输入／输出端口（General Purpose Input Output，GPIO）、IC 对 IC 的通信协议（I^2C）、串行外设接口或串行外围接口（Serial Peripheral Interface，SPI）、人机接口设备（Human Interface Devices，HID）、推荐的标准数目 232（Recommend Standard number 232，RS-232）、通用串行总线或通用序列接口（Universal Serial Bus，USB）等。

RS-232 是计算机中极为常用的一种接口，也是数据通信的一种串行端口连接标准，其英文全名是"Recommend Standard number 232"，而中文全名则是"推荐的标准数目"。此外，RS-232C 则是最新版本。此类型的串行端口（Serial Port），其演进过程是 RS-232→RS-232C→RS-422→RS-485→USB→RJ-45 等，而 RJ-45

是由 IEC603-7 标准化而来的，它也是以太网最常用的一种接口。

串行外设接口或串行外围接口（Serial Peripheral Interface，SPI）是一种四线式串行总线接口而形成主／从（次）结构的技术。四条导线分别是串行频率（SCLK）、主出从入（MOSI）、主入从出（MISO）以及从选（SS）等信号。在此，主组件为频率提供者（Clock Supplier），可进行读取从（次）组件或写入从（次）组件的数据，此时主组件将与一个从组件进行对话。当总线上存有多个从组件时，则进行一次传输，主组件将该从组件的选择线电平拉低，并通过 MOSI 以及 MISO 线路分别启动数据而产生发送或接收。

通用串行总线或通用序列接口（Universal Serial Bus，USB）是连接计算机系统及其外部外围或移动式设备的一种串行端口总线标准规范，也是一种输入输出界面的技术规范，已广泛地应用于个人计算机以及移动设备等信息通信类产品，并扩充功能至数字电视及其机顶盒、数字摄影器材、游戏机等相关的电子产品。因此，它是一种统一并可支持即插即用（Plug and Play）或热插拔（Hot Plug）的外接式传输接口。有 USB 1.0（低速型的）、USB 1.1（全速型的）、USB 2.0（高速型的）、USB 3.0（超高速型的）四种版本，其最大频宽分别为 1.5Mbps、12Mbps、480Mbps、5Gbps，而传输速度则分别是 187.5kbps、1.5Mbps、60Mbps、625Mbps 等。

就一般触控显示面板系统而言，有信号输入端、电路板模块端、系统输出端等部分，其简易的示意图如图 2-7 所示。在信号输入端方面，主要有模拟输入（Analog Inputs）以及触控按键（Touch Key）；而在电路板模块端方面，则有触控感测芯片（Touch Sensor）、12 位的 ADC、8 位 RISC Core、液晶显示器驱动芯片（LCD Driver）等；

在系统输出端方面，则是液晶显示器面板（LCD Panel）。

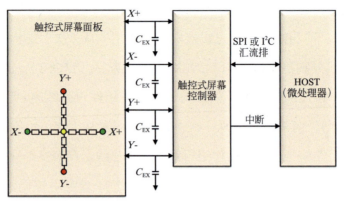

图 2-7　一般触摸屏系统的简易示意图

　　本章节已就触摸屏技术的基本原理以及触摸屏技术的基本特性两大部分作了基本的概述以及说明，以使一般读者可以经由其基本原理及其基本特性，来了解触摸屏技术及其相关的应用。在下一个章节将继续探讨触摸屏技术的种类及其相关的内容。

📖专有名词

01. 电压（Voltage）：单位电荷从某一端点移动至另一端点所做的功，其单位是伏特（V）。

02. 电流（Electric Current）：通过某一点的电荷时间变化率，其单位是安培（A）。电流的形式可分为直流电以及交流电两种。

03. 电阻（Resistance）：一种组件可以妨碍电流流动的物理性质，其单位是欧姆（Ω）。

04. 电阻系数（Resistivity）：指一种材料具有阻止电荷流动的能力；有时译为电阻率。电阻系数高的材料可以作为良好的绝缘体材料，电阻系数低的材料可以作为良好的导体材料。

05. 电容（Capacitive）：两个导电板或两根导线之间所储存电荷量与电位差的比值，其单位是法拉（F），也就是库伦每伏特。

06. 电路（Electric Circuit）：一些电子组件所组成的一种系统，并具有至少一条封闭路径可以促使电流流通。

07. 电荷（Charge）：一种可以反映电现象的电学量。

08. 电感（Inductance）：电压及其电流时变的比值，其单位是亨利（H）；流过组件的时变电流将会产生电压而跨于此组件上；它是一种以磁场形式来储存能量的组件。电感方程式的表达式：$V = L(\mathrm{d}i/\mathrm{d}t)$，其中，$V$ 为电动势，L 为电感，i 为电流，t 为时间。

09. 运算放大器（Operational Amplifier）：一个具有增益比的主动组件，同时也具有线性与非线性的特性，它能与其他电路组件组合而完成某特定的信号处理。

10. 功（Work）：力与距离的乘积值。

11. 功率（Power）：吸收或消耗能量的时间变化率。

12. 被动组件（Passive Device）：它是一种可以吸收能量的组件。

13. 主动组件（Active Device）：它是一种可以提供能量的组件。

14. 线性组件（Linear Device）：它是可以同时满足重叠原理以及均匀（齐次）性质等的组件。

15. 非线性组件（Nonlinear Device）：它是无法满足重叠原理以及均匀（齐次）性质等的组件。

16. 自感（Self Inductance）：电感是一种封闭回路的属性，当通过封闭回路的电流大小改变时，则将感生电动势来抵抗其电流的改变，而这种电感称之为自感，并且是封闭回路本身的属性。

17. 互感（Mutual Inductance）：倘若一个封闭回路的电流改变，则因感应作用而产生电动势于另外一个封闭回路，这种电感称之为互感。

习题练习

01. 请简要地叙述触摸屏技术的基本原理。

02. 请描述并说明电阻及其串并联的等效电路的关系式。

03. 请简要地叙述触摸屏技术的基本特性。

04. 请描述并说明电容、电感及其串并联的等效电路的关系式。

05. 请画出并描述一般触摸屏系统的简易示意图。

06. 请描述触控感测芯片的一些特性。

参考文献

01. G. Walker, "*A Corncopia of Touch Technology*", Information Display, Vol. 22, No.12 (2006) 14–20.

02. J. Brown, "*Stars Align for LCD Suppliers to Enjoy Big Gains from Touch Phones*", Information Display, Vol. 24, No.10 (2008) 16–20.

03. G. Walker and M. Fihn, "*LCD In-Cell Touch*", Information Display, Vol. 26, No.3 (2010) 8–14.

04. H. Li, Y. Wei, H. F. Li, S. Young, D. Convey, J. Lewis and P. Maniar, "*Multitouch Pixilated Force Sensing Touch Screen*", SID International Symposium Digest of Technical Papers (SID'09), Vol. 40 (2009) 455–458.

05. J. W. Stetson, "*Analog Resistive Touch Panels and Sunlight readability*", Information Display, Vol. 22, No.12 (2006) 26–30.

06. J. J. Su, H. L. Lin and A. Lien, "*Two New Technology Developments in LCD Industry*", Information Display, Vol. 26, No.9 (2010) 12–16.

07. W. C. Wang, T. Y. Chang, K. C. Su, C. F. Hsu and C. C. Lai, "*The Structure and Driving Method of Multi-Touch Resistive Touch Panel*", SID International Symposium Digest of Technical Papers (SID' 0), Vol. 41 (2010) 541–544.

08. A. Abileah, W. den Boer, T. Larsson, T. Baker, S. Robinson, R. Siegel, N. Fickenscher, B. Leback, T. Griffin and P. Green, "*Integrated Optical Panel in a 14.1"AMLCD*", SID International Symposium Digest of Technical Papers (SID' 04), Vol. 35 (2004) 1544–1547.

09. T. M. Wang, M. D. Ker, Y. H. Li, C. H. Kuo, C. H. Li, Y. J. Hsieh and C. T. Liu, "*Design of On-Panel Readout Circuit for Touch Panel Application*", SID International Symposium Digest of Technical Papers (SID' 0), Vol. 41 (2010) 1933–1936.

10. T. Nakamura, "*In-Cell Capacitive-Type Touch Sensor using LTPS TFT-LCD Technology*", J. Soc. Inf. Display 19 (2011) 639–644.

11. S. P. Atwood, *"The Limitless Horizon for Touch"*, Information Display, Vol. 26, No.3 (2010) 35.

12. Y. T. Lin, M. D. Ker and T. M. Wang, *"Design and Implementation of Readout Circuit with Threshold Voltage Compensation on Glass Substrate for Touch Panel Applications"*, Jpn. J. Appl. Phys., Vol. 50, (2011) 03CC07−1−03CC07−6.

13. N. Tada, H. Hayashi, M. Yoshida, M. Ishikawa, T. Nakamura, T. Motai, T. Nishibe, *"A Touch Panel Function Integrated LCD using LTPS Technology"*, International Display Workshop (IDW' 04) Digest of Technical Papers, Japan (2004) 349−350.

14. H. Haga, J. Yanase, Y. Kamon, K. Takatori, H. Asada and S. Kaneko, *"Touch Panel Embedded IPS−LCD with Parasitic Current Reduction Technique"*, SID International Symposium Digest of Technical Papers (SID' 10), Vol. 41 (2010) 669−672.

15. G. Largillier, *"Developing the First Commercial Products that Uses Multi−Touch Technology"*, Information Display, Vol. 23, No.12 (2007) 14−18.

16. J. Ma, X. X. Luo, T. B. Jung, Y. Wu, Z. H. Ling, Z. S. Huang, W. Zeng and Y. S. Li, *"Integrated a−Si Circuit for Capacitively Coupled Drive Method in TFT−LCDs"*, SID International Symposium Digest of Technical Papers (SID' 09), Vol. 40 (2009) 1083−1086.

17. B. Banter, *"Touch Screens and Touch Surfaces are Enriched by Haptic Force−Feedback"*, Information Display, Vol. 26, No.3 (2010) 26−30.

18. M. Levin and A. Woo, *"Tactile-Feedback Solutions for an Enhanced User Experience"*, Information Display, Vol. 25, No.10 (2009) 18–21.

19. C. F. Huang, Y. C. Hung and C. L. Liu, *"Precise Location of Touch Panel by Employing the Time-Domain Reflectometry"*, SID International Symposium Digest of Technical Papers (SID'09), Vol. 40 (2009) 1291–1294.

20. K. Tanaka, H. Kato, Y. Sugita, N. Usukura, K. Maeda and C. Brown, *"The Technologies of In-Cell Optical Touch Panel with Novel Input functions"*, J. Soc. Inf. Display, Vol. 19 (2011) 70–78.

21. T. Nakamura, H. Hayashi, M. Yoshida, N. Tada, M. Ishikawa, T. Motai, H. Nakamura and T. Nishibe, *"Incorporation of Input Function into Displays using LTPS TFT Technology"*, J. of Soc. Inf. Displays, Vol. 14, No. 4 (2006) 363–368.

第 3 章 触摸屏的种类、结构与测量

本章节的主要内容是触摸屏技术的基本种类、触摸屏技术的基本结构、触摸屏技术的基本测量等。一般读者可以经由其基本种类、基本结构及其基本测量来了解触摸屏技术及其相关的结构与特性。

3.1　触摸屏的基本种类

目前，我们知道的触摸屏，其感测技术的主要种类有电阻式（Resistive）、电容式（Capacitive）、光学式（Optical）、超声波式（Acoustic Wave）、电磁感应式（Electro-Magnetic Induction）等，如图 3-1 所示。当然，仍有其按不同基本原理所衍生的触摸屏技术，不过前五项所叙述的触摸屏技术是商业化应用最普遍的，本书也将就这些方面来分别叙述。

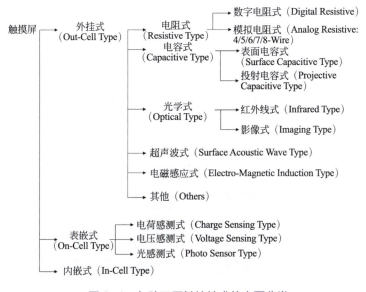

图 3-1　各种不同触控技术的主要分类

倘若依其触控点的多少来分类的话，则触摸屏技术的基本种类可分为"单触单点式（Single-Touch with One-Point）"以及"多触多点式（Multi-Touch with All-Points）"两大触摸屏技术。

若依其触摸屏的结构来区分的话，则分为"外建型（Add-on Type）"以及"整合型或嵌入式（Integrated or Embedded Type）"两大种类。外建型（Add-on Type）触摸屏即外挂式（Out-Cell Type）触摸屏；而嵌入式（Embedded Type）触摸屏又可分为贴附式（On-Cell Type）以及嵌入式（In-Cell Type）两种，贴附式又可称之为表嵌式。这也是依照触控感测组件以及显示器部件之间的相对位置来进行分类的一种方式，主要是外挂式（Out-Cell Type）、表嵌式（On-Cell Type）、内嵌式（In-Cell Type）三种，如图3-2所示。此处所出现的Cell是指显示器中的液晶单元，是由上下两片基板所构成的一种部件。

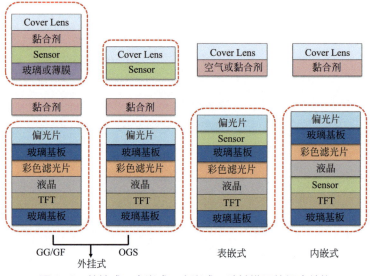

图3-2 外挂式、表嵌式、内嵌式三种触摸屏的组合结构

在"外建型"方面，其种类有电阻式、电容式、光学式、超声波式、电磁感应式五种，主要是以外挂式（Out-Cell Type）为主。在"整合型或嵌入式"方面，其种类有嵌入式（In-Cell Type）、贴附式（On-Cell Type）、触控传感器与保护玻璃一体化（Touch on

Lens）等。在贴附式方面，有电阻式以及电容式两种；而在嵌入式方面，则有电阻式、电容式以及光感应式三种。

外挂式（Out-Cell Type）触控技术是一种将触控传感器外加于显示器面板的技术。嵌入式（In-Cell Type）是将 ITO 传感器（ITO Sensor）整合在薄膜晶体管阵列（TFT Array）以及彩色滤光片（Color Filter, CF）上的一种技术，它是制作在彩色滤光片的相同面上。贴附式（On-Cell Type）是一种将 ITO 传感器整合在彩色滤光片上的技术，它是制作在彩色滤光片的相反面上（外表层）。

"触控传感器与保护玻璃一体化技术（Touch on Lens, TOL）"是一种将 ITO 传感器直接整合在保护玻璃（Cover Glass or Cover Lens）上的"单一玻璃解决方案技术（One Glass Solution, OGS）"。整合一体化的触控传感器，再使用透明胶（Optical Clear Adhesion, OCA）或口字形胶带将其贴附于显示器彩色滤光片端的玻璃基板表面。

至于"触控传感器与显示器面板一体化（Touch on Panel, TOP）技术"，则是一种将 ITO 传感器直接整合在显示器面板（Display Panel）上的技术，并使用透明胶（Optical Clear Adhesion, OCA）或口字形胶带将"保护玻璃（Cover Glass）"贴附于一体化的触控传感器与显示器面板上。"触控传感器与保护玻璃一体化技术（TOL）"与"触控传感器与显示器面板一体化技术（TOP）"的示意图及其制程如图 3-3 所示。

单一玻璃解决方案技术较适用于一般中低阶低价位的移动式产品，而触控传感器与保护玻璃一体化技术则以中高阶高价位的产品为主要诉求。

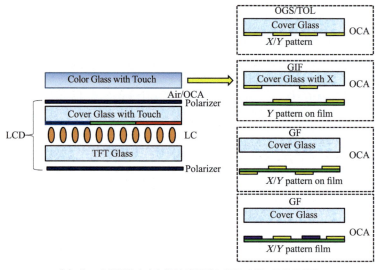

（a）单一玻璃解决方案与触控感测器与保护玻璃一体化的结构

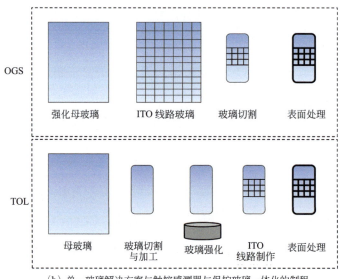

（b）单一玻璃解决方案与触控感测器与保护玻璃一体化的制程

图 3-3　单一玻璃解决方案技术的结构及其制程

　　传统的外挂式（Out-Cell Type）触控技术，是一种所谓的玻璃对玻璃式的，也就是由一片 ITO 传感器玻璃（ITO Sensor Glass）与一片保护玻璃（Cover Glass）所组成的触摸屏结构。嵌入式（In-

Cell Type）以及贴附式（On-Cell Type）两种技术，因需要整合薄膜晶体管阵列（TFT Array）电路，因而所涉及的光罩及其制程技术的开发，都将提升其生产成本，仅适合于少样多量附加价值高的产品。由于考虑材料成本、贴合制程以及触控模块的轻薄的发展趋势，采用单片玻璃的触控模块是未来设计的重点方向。

若依照其触控电路的设计形式来分类的话，则触摸屏技术的基本种类可分为"模拟式（Analog Touch）"以及"数字式（Digital Touch）"两大触摸屏技术。

在"电阻式的感测技术（Resistive Sensing Technology）"方面，其触控技术的种类有四线式（4-Wire）、五线式（5-Wire）、六线式（6-Wire）、七线式（7-Wire）、八线式（8-Wire）等，如图 3-4 所示。四线式以及八线式两种类型触摸屏技术，是以数字式的应用技术为主的；而五线式（5-Wire）、六线式（6-Wire）以及七线式三种类型触摸屏技术，是以模拟式的应用技术为主的。

在"电容式的感测技术（Capacitive Sensing Technology）"方面，其触控技术的种类有表面电容式（Surface Capacitive Technology，SCT）以及投射电容式（Projective Capacitive Technology，PCT）两种。此外，由于基本原理的差异性，电容式的触摸屏技术又分为自容式的电容（Self Capacitive）以及互容式的电容（Mutual Capacitive）两种。

在"光学式的感测技术（Optical Sensing Technology）"方面，其触控技术的种类有表面红外线式（Surface Infrared）以及光感测式（Photo Sensing）两种。就其结构形式来分类，则有数字光学式（Digital Optical）、一维影像式（One-Dimensional

Image，1D Image）、二维影像式（Two-Dimensional Image，2D Image）、三维影像式（Three-Dimensional Image，3D Image）等。

在"超声波式的感测技术（Acoustic Wave Sensing Technology）"方面，其触控技术的种类有表面超声波式（Surface Acoustic Wave）以及弯曲波式（Bending Wave）两种。

在"电磁感应式的感测技术（Electro-Magnetic Induction Sensing Technology）"方面，其感应触控技术的种类有被动型以及主动型两大类别。被动型的电磁感应式的感测技术，又可称之为无电池笔技术，也就是电磁感应笔的内部不需要填装电池，而仅仅有共振电路。至于主动型的电磁感应式的感测技术，其感应的机制在于电磁感应笔的内部需要填装电池而用于发射信号。

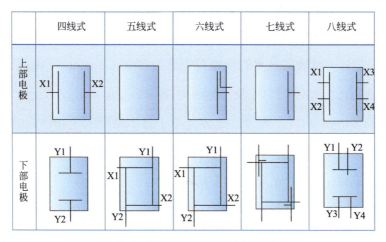

图3-4　不同类型的电阻式触控技术

3.2　触摸屏的基本结构

触摸屏因其基本的原理及其种类的不同而有不同的结构形式。大致上，触摸屏技术的基本结构可分为电阻式（Resistive）、电容式（Capacitive）、光学式（Optical）、超声波式（Acoustic）、电磁感应式（Electro-Magnetic Induction）五大部分。

在电阻式触摸屏的基本结构方面，其组件的结构由上而下分别是硬质保护层（Hard Coating）、上层玻璃基板（Upper Glass Substrate）、透明导电薄膜层（Transparent Conductive Coating，TCC）、间隔物或间隔球（Spacer Dot）、透明导电薄膜层、下层玻璃基板（Lower Glass Substrate）等，如图 3-5 所示。

在电容式触摸屏的基本结构方面，有"表面电容式触摸屏"以及"投射电容式触摸屏"两种不同的组件结构。

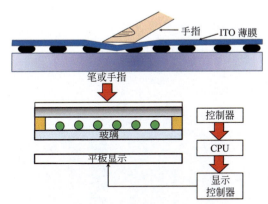

图 3-5　电阻式触摸屏的示意图（上图）及其基本结构（下图）

就表面电容式触控技术（SCT）而言，其面板组件的结构由上而下分别是由抗眩薄膜层（Anti-Glare Coating，AGC）、硬质保护层、透明导电薄膜层（TCC）、玻璃基板、透明导电薄膜层等不同基板材料及其薄膜所构成的，如图 3-6(a) 所示。就投射电容式触控技术（PCT）而言，其面板组件的结构由上而下分别是由硬质保护层、Y 轴电极图案（Y-Axis Electrode Pattern）、透明导电薄膜层、玻璃基板、透明导电薄膜层、X 轴电极图案（X-Axis Electrode Pattern）、硬质保护层等不同基板材料及其薄膜所构成的，如图 3-6(b) 所示。

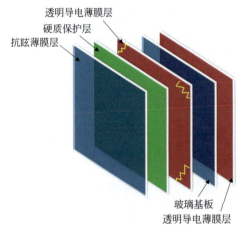

(a) 表面电容式触摸屏的基本结构

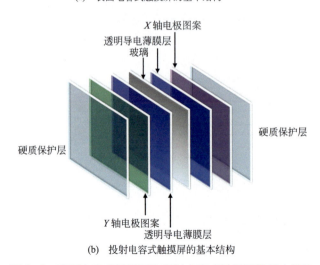

(b) 投射电容式触摸屏的基本结构

图 3-6　表面电容式触摸屏和投射电容式触摸屏的基本结构

　　表面电容式触控（SCT）面板的基本动作，是表面镀有透明导电薄膜电极的感应器与人的手指头接触而生成的感应电流变化情况，经由四个角落感应区的比值变化来感应其相对的位置，并传送模拟信号于控制器，再由控制器计算并传送至计算机显示屏幕输出信号。

　　投射电容式触摸屏的基本动作，是在不同的基板平面上，增加两组相互垂直的透明导电电极线（X、Y）以及驱动电极线，两组透明导电电极线（Conductive Electrode）在不同的基板表面，因而其交点区域形成电容交叉点，当电流流经驱动电极线（Driven Electrode）并通过其中一条导电电极线的时候，则另一条导电电极线将与所检测电容值变化的电子电路形成通路。由于透明导电电极线在面板上将会形成三维空间的电场分布，因而不需要实际接触即可感应而产生触控的现象，所以投射电容式触控技术具备有分辨 Z 轴方向电容值变化的能力。

　　就投射电容式触摸屏而言，在实际操作的时候，控制器将分别提供电流于不同薄膜层的驱动电极线，以使各个交叉点与透明导电电极线之间形成一种特定的电场分布；当导电介质或手指头接近时，则控制器将快速地检测并得知交叉点以及透明导电电极线之间的电容值变化，并正确地辨认出导电介质或手指头所触摸的相对位置。

　　在光学式触摸屏的基本结构方面，其部件从平面来看分别是在 X 轴方向上有一组光发射器（Light Emitter）与光接收器（Light Receiver），而在 Y 轴方向上同样也有一组光发射器与光接收器，如图3-7所示。光发射器可为红外线（红外光）、激光或不同颜色的发光二极管等；光接收器则是所谓的光感测器（Optical Sensor）的一种。

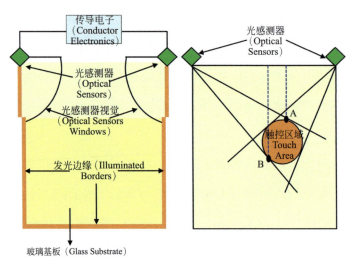

图 3-7　光学式触摸屏的基本结构

　　在超声波式（表面声波式）触摸屏的基本结构方面，其组件的结构由平面来看分别是在三个不同的角落区域装设有表面声波发射器（Surface Acoustic Wave Emitter）与表面声波接收器（Surface Acoustic Wave Receiver）等所构成的，如图 3-8 所示。

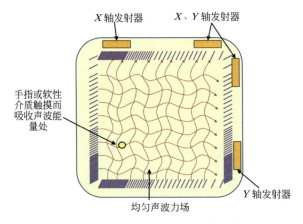

图 3-8　超声波式（表面声波式）触摸屏的基本结构

　　在电磁感应式触摸屏的基本结构方面，其部件的结构由上而下分别是数字感应笔、感应玻璃（显示面板）、薄膜电晶体（TFT）、电磁板以及可用于处理信号的控制系统等，如图 3-9 所示。

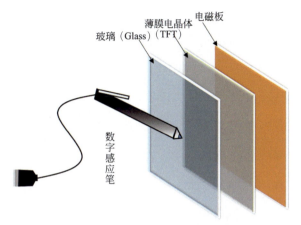

图 3-9　电磁感应式触摸屏的基本结构

3.3　触摸屏的基本测量

所谓"触摸屏技术"，意指此技术的基本组合构件，有"触控感应基板（Plate）及其模块"以及"影像显示面板（Panel）及其模块"两大部分。在此，触摸屏的基本测量，是针对"触控感应基板"的部分来说明测量的基本概念及其仪器设备等。

一般常见以及所记载的"触控感应器（Touch Sensor）"，是指镀有透明导电膜的基板材料，因而触控感应器即是所谓的"触控感应基板（Touch Sensor Plate）"，如此将使得人们更贴切地了解其基本的含义。就传统的外挂式触摸屏而言，若"触控感应基板（Touch Sensor Plate）及其模块"贴附于"影像显示面板（Panel）及其模块"的话，则此构件即是具有人机接口功能的"触摸屏"。

触摸屏的基本测量，可分为"触摸屏及其薄膜"与"触摸屏及其模块"两方面。就"触摸屏及其薄膜"而言，其基本的测量是着重于基板表面所镀的透明导电薄膜材料及其物性的测量，而此镀有透明导电薄膜的基板即是触控感应器或触控传感器。然而，在"触摸屏及其模块"方面，其基本的测量是着重于触控感应器基板、软性电路、触控 IC 等所构成的模块。

在"触摸屏及其薄膜"方面，主要是以研发以及小量生产在线的测量与分析为考虑事项。目前，触控感应器的主要材料有基板材料以及透明导电薄膜材料两种。在基板材料方面，有硬质的玻璃基板以及软质的 PET 基板两种；而在透明导电薄膜材料方面，仍是以铟锡氧化物（Indium Tin Oxide，ITO）为主，即使现在有许多新的替代性材料，但是透明性的光学性质以及导电性的电学性质等物理特性的测量，其基本的原理是大同小异的。

铟锡氧化物（ITO）透明导电薄膜材料，在不同材质的基板材料上形成薄膜之后，其薄膜的物理特性都将有所不同。目前，铟锡氧化物透明导电薄膜的基本测量仪器有 X 射线衍射分析仪（X-ray Diffraction，XRD）、扫描式电子显微镜（Scanning Electron Microscopy，SEM）与能量散射光谱分析仪（Energy Dispersive Spectrometer，EDS）、原子力显微镜（Atomic Force Microscopy，AFM）、表面轮廓分析仪（Micro-figure Measuring System）、紫外线－可见光－红外线光谱仪（UV-Vis-IR Spectroscopy）、四点探针测量仪以及霍尔效应测量仪（Four-Probe and Hall Effect Measurement）等。

X 射线衍射分析仪（XRD）可用于检测所镀铟锡氧化物薄膜的结晶相、晶粒大小、半宽高比等数据，进而分辨出是否成长出所需的结晶相及其结晶性。扫描式电子显微镜（SEM）可用于观察所镀铟锡氧化物薄膜的表面结晶形态。原子力显微镜（AFM）可用于测量薄膜表面光洁度及其形状。表面轮廓分析仪（Micro-figure Measuring System）可用于测量薄膜的厚度。紫外线－可见光－红外线光谱分析仪（UV–Vis–IR Spectroscopy）可用于获取所镀铟锡氧化物薄膜的光穿透率及其光学能隙值。四点探针测量仪以及霍尔效应测量仪（Four-Probe and Hall Effect Measurement）可用于测量所镀铟锡氧化物薄膜的电阻率（Resistivity）、片电阻（Sheet Resistance）、载子浓度（Carrier Concentration）、载子移动率（Carrier Mobility）、半导体的形态（Type of Semiconductor）等。

X 射线衍射分析仪（XRD）的工作原理以及实物如图 3-10 所示。此测量机器的 X 光源是使用 Cu-Ka，波长为 1.5405Å（$1Å=10^{-10}m$）。用 X 射线入射于结晶表面及其内部，其相邻晶面散射波彼此的相是相同的，而其光程差为波长的整数倍，因而产生所谓的相长干涉，此现象称为布拉格定律（Bragg Law），如下列公式所示的即是布拉格方程式，此为一般 X 射线衍射的基本原理。

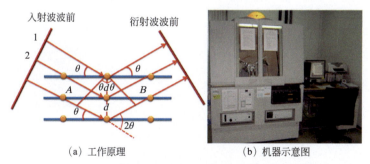

（a）工作原理　　　　　　　　（b）机器示意图

图 3-10　X 射线衍射分析仪的工作原理与机器示意图

$$n\lambda = 2d\sin\theta$$

式中，n 为衍射阶数；λ 为 X 射线的波长；d 为晶体面间距；θ 为入射 X 射线与结晶面的夹角。

测量分析之后，可得薄膜是何种晶体结构，借由 X 射线衍射峰的位置判断晶向（Crystal Orientation）、优选性结晶方位（Preferred Orientation）、晶粒大小（Grain Size）、结晶性（Crystalline）以及晶格常数（Lattice Constant）等，数据都可以比照于国际衍射数据中心（International Center for Diffraction Data，ICDD）也即粉末衍射标准联合委员会（Joint of Committee on Powder Diffraction Standard，JCPDS）的标准数据，由这些数据可得知薄膜特性。此 X 射线衍射分析仪，其测量的条件为 2 倍的扫描角度范围 20°～80°、操作电压 45.0 kV、电流 40.0mA、扫描速度 2.7°/min 以及扫描间隔 0.03°。

扫描式电子显微镜如图 3-11 所示。扫描式电子显微镜的基本原理是电子束和试片原子产生弹性碰撞作用而产生二次电子，二次电

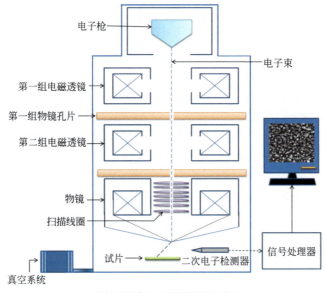

（a）扫描式电子显微镜解剖示意图

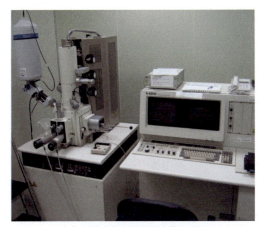

（b）扫描式电子显微镜实物示意图

图 3-11　扫描式电子显微镜解剖示意图以及实物示意图

子传送至信号处理器分析，即可扫描出薄膜的表面形状及其结晶大小，此方法分析优点是倍率高、分辨率高以及容易制作，其加速电压范围为 0.2 ～ 40kV。

能量散射光谱分析仪（EDS）与扫描式电子显微镜相连接而附加元素分析功能。能量散射光谱分析仪如图 3-12 所示。能量散射光谱分析仪的基本原理为当电子束撞击样品表面上成分元素的原子时，电子束与试片原子进行非弹性碰撞而产生二次电子，二次电子传送至信号处理器分析，即可分析出薄膜层中的元素成分。此特性与 X 射线原子外层电子维持较低的能量状态一样，填入先前被入射电子所击出的内层电子的位置，并且放射出相当于该两个能阶之能量差的 X 射线，

图 3-12　能量散射光谱分析仪示意图

49

检测出 X 射线的能量或波长，并由此可以判断电子属于哪一个电子能阶所释放出的，进而可以分析测量其元素成分。

原子力显微镜（Atomic Force Microscopy，AFM）的基本的工作原理与实物如图 3-13 所示。原子力显微镜的操作模式可分为接触式的（Contact Mode）、非接触式的（Non-contact Mode）以及敲击式的（Tapping Mode）三种。接触式的是一种破坏性测量。

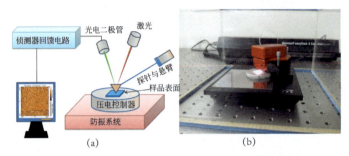

图 3-13　原子力显微镜的基本工作原理以及实物示意图

接触式的操作模式即是在测量时，探针与薄膜试片直接接触，这将对薄膜表面产生些许伤害，测量时也会造成弹跳的虚假现象，其探针与试片之间的作用力为原子排斥力，由于排斥力对距离非常敏感，较容易获得原子级的影像，此操作也是最早发展出来的操作模式。非接触式（Non-contact Mode）的操作模式是为了改善接触式对薄膜表面产生伤害而发明的，其探针与试片之间的作用力为范德瓦尔斯力（Vander Waals Force），由于范德瓦尔斯力在大气中对距离较不敏感，其分辨率较接触式及敲击式的低，但在真空环境操作下，可以达到最佳原子级的分辨率。敲击式（Tapping Mode）是经由非接触式加以改良而来，其主要是探针与试片之间距离拉近以及增大其振幅，使探针在振荡至波谷时接触试片，由于试片的表面高低起伏变化，使得振幅改变，再利用类似非接触式的回馈控制机制，便能取得高度的影像。一般采用轻敲式原子力显微镜（Tapping Atomic Force Microscopy）来进行薄膜表面光洁度与形状的量测，不容易造成薄膜表面的永久性破坏，其主要是探针有共振，探针的振幅可以调整，与试片表面有些许轻微跳动接触。

表面轮廓分析仪（Micro-figure Measuring System）的基本工作原理与实物如图 3-14 所示。它是运用探针与待测基板接触，借由探针于基板试片上进行直线移动，由于表面薄膜与基板轮廓不一致，因此探针移动会随着高低起伏变化，进而可以得到薄膜的厚度。运用表面轮廓分析仪来计沉积薄膜速率及其厚度，可推算出薄膜厚度沉积所需的时间。首先将真空胶带粘于玻璃基板上，形成一部分未沉积区域，沉积后将真空胶带移除，形成一个阶梯式的落差，此阶梯式的落差高度可借由表面轮廓分析仪测量其薄膜的厚度。

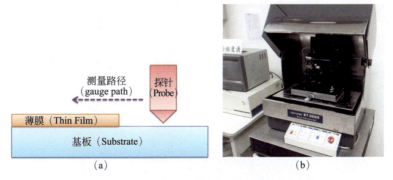

图 3-14　表面轮廓仪的基本工作原理以及实物

紫外线－可见光－红外线光谱仪（UV-Vis-IR Spectroscopy）如图 3-15 所示。其测量的波长范围为 380 ～ 1650nm，也就是从紫外线到可见光甚至于到远红外线的范围。其基本的原理是借由光入射于薄膜，因物质的结构不同，产生不同形态的电子跃迁，促使电子在较低能量的分子轨域跃迁至较高能量的分子轨域，因而在各波长范围的穿透率与反射率有所差异，且可经由仪器测量得到穿透率（Transmittance）以及反射率（Reflectance），再由下列所示的公式，将其转换为光的吸收系数：

$$\alpha = \left(\frac{1}{d}\right)\ln\left[\frac{(1-R_\lambda)^2}{T_\lambda}\right]$$

图 3-15　紫外线－可见光－红外线光谱分析仪机台

式中，α 为光吸收系数；d 为薄膜厚度；R_λ 为反射率；T_λ 为穿透率。薄膜的能隙值（E_g）及其光吸收系数（α）之间的转换，再由下列所示的公式完成：

$$\alpha = \frac{A(h_\gamma - E_g)^n}{h\gamma}$$

式中，A 为常数；$h\gamma$ 为光子能量；E_g 为能隙值；n 为半导体材料跃迁形态。当 $n = 1/2$ 时，所代表的是一种直接跃迁（Direct Allowed）；而 $n = 2$ 时，则代表的是一种间接跃迁（Indirect Allowed）；$n = 3/2$ 为禁止直接跃迁（Direct Forbidden）；$n = 3$ 为禁止间接跃迁（Indirect Forbidden）。

四点探针测量仪（Four-Probe Measurement）如图 3-16 所示。它是运用四根探针（Probe）等距且平行的测量，当探针接触试片表面时，将直流电流施加于外侧两根探针上，使得内部两根探针之间产生电压差，即可计算出薄膜的片电阻值（Sheet Resistance，R_s）。若要计算薄膜的电阻率（Resistivity，ρ），则需要知道薄膜的厚度，将薄膜厚度值乘以片电阻值，即可得到，如以下所示的公式即是电阻值及其片电阻的转换关系式。

$$R_s = K_p \times \frac{V}{I} = \frac{\pi}{\ln 2} \times \frac{V}{I}$$

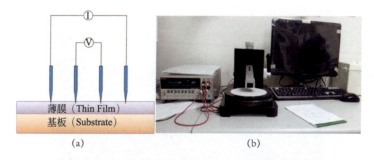

图 3-16　四点探针测量仪的基本工作原理以及实物

式中，R_s 为片电阻值，Ω；K_p 为几何修正因子（约为 4.532）；V 为通过探针的直流电压，V；I 为通过探针的直流电流，A。

以下所示的公式则是电阻率与电导率的转换关系式。

$$\rho = R_s \times \frac{d}{10^8} = \frac{1}{\sigma}$$

式中，ρ 为电阻率，$\Omega \cdot cm$；R_s 为片电阻值，Ω；d 为薄膜厚度，$\mathring{A}$；σ 为电导率，S/cm。

霍尔效应测量仪（Hall Effect Meaurement）如图 3-17 所示。霍尔效应是 1879 年由德国物理学家霍尔发现的。测量基本的原理是将电流导入导体中，而且在导体外施加磁场而运用电磁效应来测量其感应值大小，并用霍尔电压（Hall Voltage）来判断传导载子的浓度及其极性。借由此仪器以及如下所示的公式，也就是霍尔效应的转换关系式，并经由机台测量并计算，可获得半导体的形态、载子浓度（Carrier Concentration）、电阻率（Resistivity）、载子迁移率（Carrier Mobility）等。

$$V_H = \frac{IB}{ned}$$

式中，V_H 为电位差；I 为通过薄膜的电流；B 为磁感应强度；n 为载子流密度；e 为电子电荷量；d 为薄膜厚度。

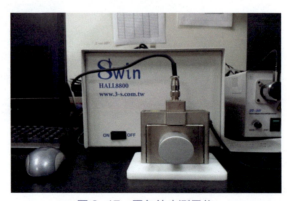

图 3-17　霍尔效应测量仪

在"触摸屏及其模块"方面，主要是以大量生产在线的实时测量与分析为考虑事项，触摸屏及其模块的检测机台系统有许多不同的类型及其功能需求，基于篇幅的考虑而仅列出有代表性的来说明，主要有导电膜 ITO 薄片（Film）贴膜机（或贴合机）、导电玻璃 ITO 玻璃（Glass）贴膜机（或贴合机）/ 覆膜机 / 撕膜机、触摸屏线测机、触摸屏电测机、触摸屏 ITO 膜缺陷检查机等。

在导电膜 ITO 薄片（Film）/ 导电玻璃 ITO 玻璃（Glass）贴膜机（或贴合机）方面，它是将镀有透明导电膜 ITO 薄片贴合于显示面板表面的一种机台系统，贴合的好坏将影响最终产品质量的优劣。导电膜 ITO 薄片（Film）贴膜机（或贴合机）/ 导电玻璃 ITO 玻璃（Glass）贴膜机（或贴合机）如图 3-18 所示。

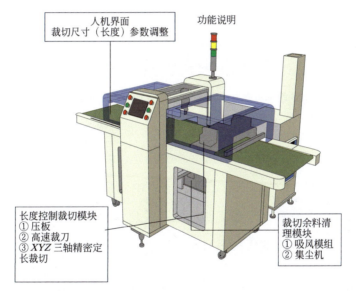

图 3-18　导电膜 ITO 薄片（Film）／导电玻璃 ITO 玻璃（Glass）贴膜机

此系统适用于触摸屏的导电膜（ITO Film）、导电玻璃（ITO Glass）、扩散板、亚克力板、导光板、不锈钢板、铝合金板、PCB 等产品的贴膜。它可以选择单面式或双面式的贴膜，采用 110/220V、AC、单相 50/60Hz 的电源，PLC 控制接口。在生产过程中，可搭配自动送板机、清洁机、收板机，然后自动感应进料、清洁、除静电、贴膜、自动裁切、收料，可进行精密的贴合，而没有气泡及皱褶的问题。贴膜滚轮在上下各有一支，不同直径（60 mm、90 mm、120mm），并可以选配加热装置，保护膜具有张力控制的功能，贴合速度可达 3.5 m/min 且贴合压力为 3.5 ～ 6.0 kg/cm²。事实上，此类系统的性能及其规格可依客户的需求而调整设计。

在触摸屏线测机以及触摸屏电测机方面，它具备单一指头点击测试以及提供直线、斜线、弧线及圆等画线功能，断线、线性、抖动（Jitter）、精确（Accuracy）、盘旋（Hover）、记录速率（Report Rate）及双指最短距离等测试功能，使用者可利用任意路径来编辑软件，并且可提供标准路径以及任意路径等两种画线功能，任意编辑触摸屏画线使用的路径，以满足各种画线测试需求。此类型系统具备自动光学影像对位检查（Automated Optical Inspection，AOI）功能，探针可精确地接触到触摸屏的测试点，以解决触摸屏测试时放置位置偏移的问题。切换式开关盒（Switch Box）可提供 64 个测试通道，并可经由切换式开关盒测量触摸屏的开路、短路及其电阻值。切换式开关盒具有放电功能，可消除触摸屏的残留静电。测量仪器具有四线式测量功能，提高了测量的精确值。

此类型系统也可以连接人机接口组件（Human Interactive Devices，HID）、串行总线接口（SPI）及内部整合电路（I²C）等不同接口的触摸屏进行测试，并且也提供内部整合电路（I²C）X-Y 坐标数据读取的应用程序接口（Application programming Imterface，API）、软件接口，以使操作者可以使用 Visual Basic 或 C++ 程序语言，来自行编写与读取测试画线路径，可解决不同内部整合电路（I^2C）X-Y 坐标数据格式的兼容性问题，同时也具备数据存储器（Datalog）的功能，可记录触摸屏及线测机测试时的 X-Y 坐标数据，进而用于工程验证分析及生产质量管理。

触摸屏 ITO 膜缺陷检查机的主要功能在于进行 ITO 线路线宽与线距测量及其外观检查、ITO 银胶线路线宽与线距测量及其外观检查两项。在外观检查方面，触摸屏的表面缺陷种类分别有异物、气泡、颗粒、白点、黑点、凹痕、划伤、刮痕、压痕、鱼眼、针孔（Pinhole）等。

此外，在触摸屏的测试方面，可在 Windows 8 的环境下操作，配备所需的笔头以及调整其笔头间距，再利用程控模拟手指或触控笔的触摸与移动，来进行不同参数的测试。除了单点或多点的静态接触测试之外，也可以设计成单点或多点的 X 方向、Y 方向、对角线或绕圈式的移动来测试其相关的参数。测试的项目为线性、电路电阻、端子间电阻和绝缘电阻等；寿命可靠测试系统的项目有点、线、字形及图形测试、ITO 图案、容抗、阻抗等测量，触摸屏的光透过率测量，手机用可挠性或软性电路板（Flexible Printed Circuit Board，FPCB）老化（Aging）、弯曲、摔落、开路、短路等功能性测试。

触摸屏及其模块的基本测量，将视终端应用系统而设计成不同性能及其功能的测量系统，此部分可借由展览会、研讨会以及厂商产品说明会等活动，来获取更新的测量数据。

📖专有名词

01. 电阻式（Resistive）：是一种利用电阻值的变化来感应外来的指令，进而检测、运算、响应以及执行等动作的一种感测技术。

02. 电容式（Capacitive）：是一种利用电容值的变化来感应外来的指令，进而监测、运算、响应以及执行等动作的一种感测技术。

03. 光学式（Optical）：是利用光源接收以及光源遮蔽的基本原理来感应外来的指令，进而监测、运算、响应以及执行等动作的一种感测技术。当光源被遮蔽时，可借由光接收器收不到信号的状态，来精确地判断出 XY 的正确位置。

04. 超声波式（Acoustic Wave）：是利用声波传输转能器、声波接收转能器、反射板及控制器等所构成的一种感测技术。

05. 电磁感应式（Electromagnetic Induction）：是使用具有电磁功能的笔来发射信号，再由配置于显示面板背面的电磁板来接收外来的信号，当电磁笔触控于面板的时候，电磁笔将会感应出电磁波信号，并促使电磁板下方感应线产生磁场变化，进而监测出正确的触控位置。

06. 单触单点式（Single-Touch with One-Point）：是以一个触控笔或触控体（例如：手指头），来进行单一点的接触，而达到控制信号的功能。

07. 多触多点式（Multi-Touch with All-Points）：是以多个触控笔或触控体（例如：手指头），来进行单一点的接触，而达到控制信号的功能。

08. 外建型（Add-on Type）：是将 ITO 触控传感器直接地贴合

于显示面板上的一种外挂式的触摸屏技术。

09. 整合型或嵌入式（Integrated or Embedded Type）：是将 ITO 触控传感器直接地表嵌（贴付）或嵌入于显示面板表面或内层的一种整合型的触摸屏技术。

10. 触控传感器与保护玻璃一体化（Touch on Lens，TOL）：是将 ITO 传感器直接整合在保护玻璃上的一种单一玻璃解决方案技术，整合一体化的触控传感器，再使用透明胶或口字形胶带将其贴附于显示器彩色滤光片端的玻璃基板表面。

11. 触控传感器与显示器面板一体化（Touch on Panel，TOP）：是将 ITO 传感器直接地整合于显示器面板上的一种技术，并使用透明胶或口字形胶带将保护玻璃（Cover Glass）贴附于一体化的触控传感器与显示器面板上。

12. 保护玻璃（Cover Glass）：用于保护两片式触控传感器与两片式显示器面板的一层高强化性玻璃基板，并贴附于两片式触控传感器的外表层。

13. 单一玻璃解决方案技术（One Glass Solution，OGS）：触控传感器玻璃与保护玻璃整合成一片玻璃基板，并同时具有触控感测以及保护底层玻璃的双重功能，因而可以少用一片玻璃。

14. 外挂式（Out-Cell Type）：是将触控传感器外加于显示器面板的一种技术。

15. 表嵌式（On-Cell Type）：是将 ITO 传感器整合在彩色滤光片上的一种技术，而它是在彩色滤光片制程的相反面上（外表层）。

16. 内嵌式（In-Cell Type）：是将 ITO 传感器整合在薄膜晶体管

阵列以及彩色滤光片上的一种技术，而它是在彩色滤光片制程的相同面上。

17. 表面电容式（Surface Capacitive）：是表面镀有透明导电薄膜电极的感应器与人的手指头接触而生成的感应电流变化情况，经由四个角落感应区的比值变化来感应其相对的位置，并传送模拟信号于控制器，再由控制器计算并传送至计算机显示屏幕输出信号。

18. 投射电容式（Projective Capacitive）：在不同的基板平面上，增加两组相互垂直的透明导电电极线（X、Y）以及驱动电极线，两组透明导电电极线在不同的基板表面，因而其交点区域形成一电容交叉点，当电流流经驱动电极线并通过其中一条导电电极线的时候，则另一条导电电极线将与所检测电容值变化的电子电路形成通路。由于透明导电电极线在面板上将会形成三维空间的电场分布，因而不需要实际地接触即可感应而产生触控现象，所以投射式电容触控技术具备有分辨 Z 轴方向电容值变化的能力。

19. 触控感应器（Touch Sensor）：这是镀有透明导电膜的基板材料，因而触控感应器也可称为触控感应基板。

20. 触摸屏：指此技术的基本构件是由"触控感应基板及其模块"以及"影像显示面板及其模块"两大部分所组合的。

21. 数据存储器（Datalog）：可用于记录、统计和分析使用时间以及手动和自动过程的使用情况。

习题练习

01. 触摸屏感测技术的主要种类有哪些？

02. 根据触控点的多少来分类，触摸屏的基本种类有哪些？

03. 根据触摸屏的结构而言，有哪些触摸屏的种类？

04. 何谓"触控传感器与保护玻璃一体化"？其主要的特点有哪些？

05. 请分别画出电阻式以及电容式触摸屏的基本结构，并写出其各部分的名称及其功能。

06. 请分别画出光学式以及超声波式触摸屏的基本结构，并写出其各部分的名称及其功能。

参考文献

01. H. Tolner, B. Feldman, D. McLean and C. Cording, "*Transparent Conductive Oxides for Display Applications*", Information Display, Vol. 24, No.7 (2008) 28–32.

02. G. Walker and M. Fihn, "*LCD In-Cell Touch*", Information Display, Vol. 26, No.3 (2010) 8–14.

03. C. S. Kim, B. K. Kang, J. H. Jung, M. J. Lee, H. B. Kim, S. S. Oh, S. H. Jang, H. J. Lee, H. Kastuyoshi and J. K. Shin, "*Active Matrix Touch Sensor Perceiving Liquid Crystal Capacitance with Amorphous Silicon Thin Film Transistors*", Jpn. J. Appl. Phys., Vol. 49(2010) 03CC03–1 ～ 03CC03–4.

04. D. Wigdor, "*The Breadth-Depth Dichotomy: Opportunities and Crises in Expanding Sensing Capabilities*", Information Display,

Vol. 27, No.3 (2011) 18−23.

05. C. H. Li, M. J. Jou and Y. J. Hsieh, "*In Cell Multi−Touch Panel : Trend and Applications*", The 16th International Display Workshops, IDW' 09 (2009) 2127−2130.

06. T. M. Wang and M. D. Ker, "*Design and Implementation of Readout Circuit on Glass Substrate for Touch Panel Applications*", IEEE/OSA J. of Display Technol., Vol. 6, No.8 (2010) 290−297.

07. B. H. You, B. J. Lee, S. Y. Han, S. Takahashi, B. H. Berkeley, N. D. Kim and S. S. Kim, "*Touch−Screen Panel Integrated into 12.1−in. a−Si:H TFT−LCD*", J. Soc. Inf. Display, Vol. 17 (2009) 87−94.

08. Mudit Ratana Bhalla and Anand Vardhan Bhalla, "*Comparative Study of Various Touchscreen Technologies*", International J. Computer Applications, Vol. 6, No.8 (2010) 12−18.

09. W. J. Chiang, C. J. Lin, Y. C. King, A. T. Cho, C. T. Peng, C. W. Chao, K. C. Lin and F. Y. Gan, "*Silicon−Nanocrystal−Based Photosensor Integrated on Low−Temperature Polysilicon Panels*", J. Soc. Inf. Display, Vol. 16 (2008) 777−786.

10. H. S. Park, T. J. Ha, Y. T. Hong, J. H. Lee, B. J. Lee, B. H. You, N. D. Kim and M. K. Han, "*A Touch−Sensitive Display with Embedded Hydrogenated Amorphous− Silicon Photodetector Arrays*", J. Soc. Inf. Display, Vol. 16 (2008) 1165−1170.

11. G. J. A. Destura, J. T. M. Osenga, S. J. Van der Hoef and A. D. Pearson, "*Novel Touch Sensitive In−Cell AMLCD*", SID International Symposium Digest of Technical Papers (SID' 04), Vol. 35

(2004) 22–25.

12. H. S. Park, Y. J. Kim and M. K. Han, *"Touch-Sensitive Active-Matrix Display with Liquid-Crystal Capacitance Detector Array"*, Jpn. J. Appl. Phys., Vol. 49 (2010) 03CC01-1 ∼ 03CC01-7.

13. E. Kanda, T. Eguchi, Y. Hiyoshi, T. Chino, Y. Tsuchiya, T. Iwashita, T. Ozawa, T. Miyazawa and T. Matsumoto, *"Active-Matrix Sensor in AMLCD Detecting Liquid-Crystal Capacitance with LTPS-TFT Technology"*, J. Soc. Inf. Display, Vol. 17 (2009) 79–85.

14. K. J. Yi, C. K. Choi, S. J. Suh, B. I. Yoo, J. J. Han, D. S. Park and C. Y. Kim, *"Novel LCDs with IR-Sensitive Backlights"*, J. Soc. Inf. Display, Vol. 19 (2011) 48–56.

15. Stephane Joly et al., *"Demonstration of a Technological Prototype of an Active-Matrix BiNem Liquid-Crystal Display"*, J. Soc. Inf. Display, Vol. 18 (2010) 1033–1039.

16. A. G. Chen, K. W. Jelley, G. T. Valliath, W. J. Molteni, P. J. Ralli and M. M. Wenyon, *"Holographic Reflective Liquid-Crystal Display"*, J. Soc. Inf. Display, Vol. 3 (1995) 159–163.

17. T. Nakamura, H. Hayashi, M. Yoshida, N. Tada, M. Ishikawa, T. Motai and T. Nishibe, *"A Touch Panel Function Integrated LCD Including LTPS A/D Converter"*, SID International Symposium Digest of Technical Papers (SID' 05), Vol. 36 (2005) 1054–1057.

18. S. H. Kim, M. H. Kang, J. H. Hur and J. Jang, *"AM Displays with Imbedded Photo-Sensors"*, The 16th International Display Work-

shops，IDW'09(2009) 2135–2138.

19. H. Ohshima and D. L. Ting，"*Turning Points in Mobile Display De-velopment*"，SID International Symposium Digest of Technical Papers(SID'11)，Vol. 42 (2011) 97–100.

20. B. Mackey，"*Trends and Materials in Touch Sensing*"，SID International Symposium Digest of Technical Papers (SID'11)，Vol. 42 (2011) 617–620.

21. D. M. Usher and C. LLett，"*Touch –screen Technologies: Performance and Application in Power Station Control Displays*"，Displays，Vol. 7，No.2 (1986) 59–66.

22. H. K. Kim，S. G. Lee，and K. S. Yun，"*Capacitive Tactile Sesnor Array for Touch Screen Application*"，Sensors and Actuators A：Physical，Vol. 165，No.1 (2011) 2–7.

23. Y. H. Tai，H. L. Chiu，and L. S. Chou，"*Active Matrix Touch Sensor Detecting Time–constant Change Implementated by Dual–gate IGZO TFTs*"，Solid–State Electronics，Vol. 72 (2012) 67–72.

24. P. S. Pa，"*Optical Assistance in Thin Film Microelectro–removal for Touch–panel displays*"，J. of Electroanalytical Chemistry，Vol. 651，No.1 (2011) 38–45.

25. C. H. Pi，I. F. Tsai，K. S. Ou，and K. S. Chen，"*A One–dimensional Touch Panel Based on Strain Sensing*"，Mechatronics，Vol. 22，No.6 (2012) 802–810.

26. S. K. Chang–Jian，J. R. Ho，and J. W. J. Cheng，"*Fabrication of Transparent Double–walled Carbon Nanotbes Flexible Matrix*

Touch Panel by Laser Ablation Technique", Optics and Laser Technology, Vol. 43, No. 8 (2011) 1371-1376.

27. M. Masuko, F. Ikushima, S. Aoki, and A. Suzuki, "Preliminary Study on the Tribology of an Organic-molecule-coated Touch Panel Display Surface", Tribology International In Press, Corrected Proof, Available online 11 February (2013).

28. K. Deguchi, S. Kono, S. Deguchi, N. Morimoto, T. Kurata, Y. Ikeda, and K. Abe, "A Novel Useful Tool of Computerized Touch Panel-type Screening Test for Evaluating Cognitive Function of Chronic Ischemic Stroke Patients", J. of Stroke and Cerebro-vascular Diseases, 1 (2013) 376.

29. http://kaote.diytrade.com.

30. http://www.tektriune.com.tw/introductPD_tk2050.html.

第 4 章 触摸屏的关键性材料及其零部件

本章节的主要内容是触摸屏技术的关键性材料、触摸屏技术的关键性零部件以及触摸屏技术的接口技术三大部分。一般读者可以经由其基本原理及其基本特性，来了解触摸屏技术及其相关的应用。

在触摸屏的结构及其关键性材料与零部件方面，必须要有"软硬兼施"的作用，而"软硬兼施"的意义是硬（件）软（件）兼备而发挥其功能。投射电容式触摸屏技术的研发门槛是较高的，因而很不容易仅仅以纯硬件、软件的方式来直接地解决，也不是一般微控制器（MCU）可以有效解决的，特别是在进行平行处理不同复杂信号时，软件与硬件的解决方案需做最适化或最佳化的搭配，如此才能减少高速运算时中央处理器（CPU）的能量耗损。此外，"工欲善其事，必先利其器"，在定制化的开发上，硬件以及软件开发工具是必不可少的，就终端系统化的整合工程师而言，通常不太熟悉显示面板的特性，而为了处理多样化使用情境的定制化的需求，传感器控制集成电路部件提供者是否能够提供一套既完整又方便的硬件／软件开发工具，是系统化整合者能否解决其开发进程以及产品是否稳定的关键性因素。

4.1　触摸屏的关键性材料

触摸屏是利用透明导电玻璃（ITO Glass）以及透明导电薄片（ITO Film）所组成的功能性玻璃面板，经由其电路配线以及电路板的控制 IC 芯片，以触控方式来显示所需影像、图形以及文字等信号于屏幕面板的输入接口设备。当手指接触触控感测面板（Touch Sensor Panel）时，将会有模拟信号输出，经由控制器将这些模拟信号转换成计算机可以判读的数字信号，再经由计算机内部的触控驱动程序来整合各个组件的编译工作，最后经由显卡输出屏幕信号，并于屏幕面板上显示所触摸的位置坐标。

电阻式与电容式的触摸屏，大致上是由 ITO 感应器（ITO Sensor）、控制芯片（Chip）、保护板窗口框（Cover Window）

以及软性印制电路板（FPCB）等构成的，目前现阶段成本最高的是ITO感应器或ITO传感器（ITO Sensor），图4-1所示是相关组成的关键性零部件。ITO感应器（ITO Sensor）是镀有ITO薄膜的玻璃基板所制作而成的感应器（Sensor）；保护板窗口框的材料有聚对苯二甲酸乙二醇酯（PET）、钢化玻璃或聚甲基丙烯酸甲酯（Polymethyl methacrylate, PMMA）等。

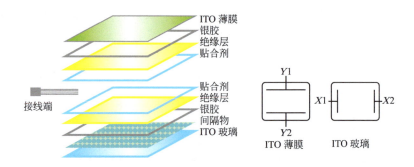

电阻式触摸屏相关组成的关键性零部件

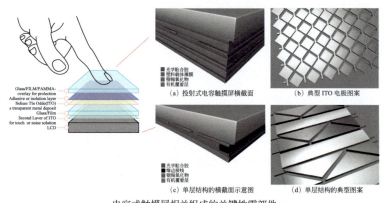

（a）投射式电容触摸屏横截面

（b）典型ITO电极图案

（c）单层结构的横截面示意图

（d）单层结构的典型图案

电容式触摸屏相关组成的关键性零部件

图4-1 电阻式与电容式的触摸屏的关键性零部件

就电阻式或电容式的触摸屏而言，在其结构之中，关键性材料是透明导电玻璃（ITO Glass）以及透明导电薄片（ITO

Film）。前者以玻璃（Glass）为基材而后者以薄片（Film）为基材。由于 iPhone 手机采用透明导电玻璃感应器，因而其市场的需求量快速地增加。此透明导电玻璃感应器，其基板材料是硬质玻璃材料，不仅可以形成均匀的 ITO 薄膜，而且可使用溅镀技术来形成金属图案，达到窄边框的效应以及减少多层薄膜叠合步骤，进而实现高的产品良率。

就光学式的触摸屏而言，在触摸屏的结构之中，其关键性材料是光源发射器（Emitter）以及光源接收器（Receiver）。事实上，此关键性材料也可说是关键性部件，图 4-2 所示的是相关的关键性零部件。一般的光源体有发光二极管、红外线组件以及激光部件等。

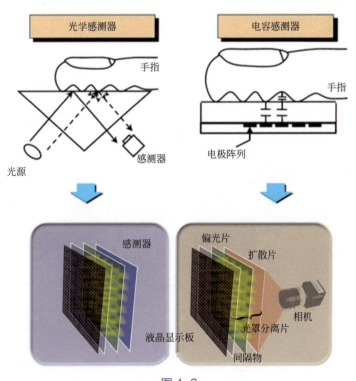

图 4-2

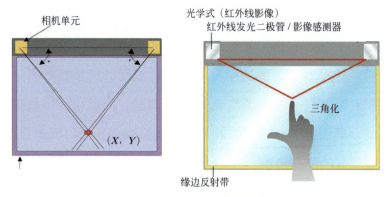

图4-2 光学式的触摸屏相关的关键性零部件

就超声波式的触摸屏而言，在其结构之中，关键性材料是超声波发射器（Emitter）以及超声波接收器（Receiver）。事实上，此关键性材料也可说是关键性部件，图4-3所示的是相关的关键性零部件。

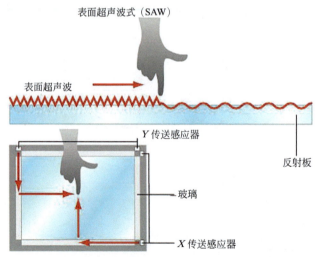

图4-3 超声波式的触摸屏相关的关键性零部件

就电磁感应式的触摸屏而言，在其结构之中，关键性材料是电磁感应器。事实上，此关键性材料也可说是关键性部件，图4-4所示的是相关的关键性零部件。

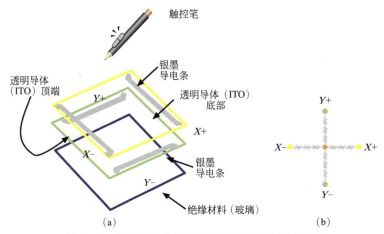

图 4-4　电磁感应式的触摸屏相关的关键性零部件

在此，将仅就电阻式以及电容式的触摸屏，说明其关键性材料的种类及其功能。其关键性材料分别有薄型强化玻璃基板、蚀刻图案化透明导电薄膜（Etching Pattern Transparent Conductive Film）、点间隔物（Dot Spacer）、贴合胶、银胶电极材料、软性电路板（感应控制器及其 IC 组件）、保护板或膜片（防刮伤或抗静电）等。

此外，化学品材料的使用种类有 ITO 防蚀刻液、银胶、点间隔物（Dot Spacer）、异方向性导电胶、绝缘胶五种。

在薄型强化玻璃基板（Thin Strengthened Glass Substrate）方面：其玻璃基板的种类有苏打石灰玻璃的碱性玻璃以及非碱性玻璃两种，其中非碱性玻璃是价格较昂贵的玻璃材料，通常用作薄膜晶体管以及彩色滤光片的基板材料。基于成本的考虑，触摸屏的玻璃材料会使用价廉且性能佳的苏打石灰玻璃。

触摸屏的玻璃主要是以价廉且性能好的钠钙玻璃基板为主，钠钙玻璃即是苏打石灰玻璃（Soda-Lime Glass, SLG）。由于苏打石灰玻璃具有受热时变形量很小、紫外光照而不会变色、各种加工性良好、适用于化学钢化处理等性质，因而被选为最佳触摸屏的基板材料。

钢化玻璃基板，因其制程以及特性需求不同，可分为"物理钢化玻璃（Physical Strengthened Glass）"以及"化学钢化玻璃（Chemical Strengthened Glass）"两种。通常，玻璃基板材料需要经过切割、研磨、抛光以及钢化等步骤，若稍微处理不慎的话，玻璃基板材料将会破裂。例如，若玻璃于一次钢化处理之后，再进行切割处理的话，则其玻璃强度平均将减少 60.0%。

物理钢化玻璃（Physical Strengthened Glass），其基本的原理是将单一玻璃材料加热，达到软化温度之后，再进行急速冷却，以使玻璃表面形成压缩状态，玻璃表面压缩力将与其中心层相互牵引，产生足够的张力维持平衡的状态，进而增加了玻璃材料的强度。倘若外加的力量超过其内部的张力，则此张力将会失去平衡，促使玻璃破碎而形成无数的小碎粒，图 4-5 所示的是物理钢化玻璃的制作流程。

在物理钢化玻璃的基本特性方面：物理钢化处理后的玻璃，其耐冲击性以及耐压力是一般玻璃的 3 ～ 5 倍。当玻璃破碎的时候，其玻璃颗粒形成钝角，因而不易对人体造成伤害。此外，物理钢化后的玻璃，其耐温差变化可达 250℃，而且此类型的玻璃将无法进行切割或钻孔，其玻璃表面的平整性比钢化前要差些。物理钢化后的玻璃极适合蒸镀或溅镀薄膜，其玻璃厚度大于 2.0mm 时。

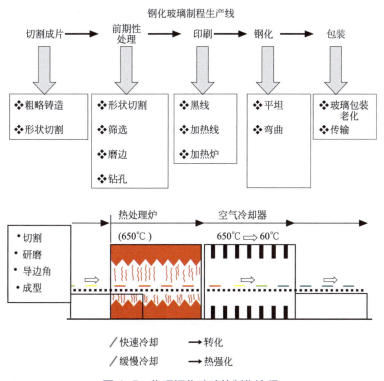

图 4-5　物理钢化玻璃的制作流程

化学钢化玻璃（Chemical Strengthened Glass）是化学钢化处理后的玻璃，其耐冲击性以及耐压力是一般玻璃的 5 倍左右。化学钢化玻璃处理的基本原理是将玻璃材料浸泡于硝酸钾溶液中，使其发生离子交换作用，从而促使玻璃表面层之内的钠离子与钾离子之间进行交换，大量的钾离子扩散于玻璃表面，进而增加此玻璃材料的强度。玻璃材料的内层及其中心层并未进行离子交换，图 4-6 所示的是化学钢化玻璃的制作流程。化学钢化玻璃的基本特性是，化学钢化后的玻璃可用于切割、钻孔、蒸镀或溅镀薄膜，其玻璃厚度小于 2.0mm。

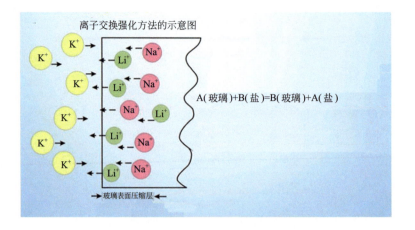

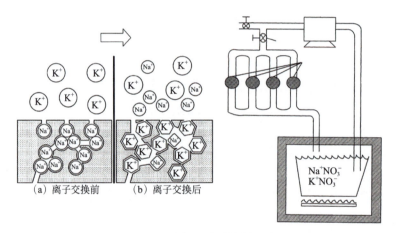

图 4-6 化学钢化玻璃的制作流程

透明导电薄膜应用于触摸屏时，必须蚀刻出所需的蚀刻图案（Etching Pattern）。无机材料有铟锡氧化物（Indium Tin Oxide, ITO）、掺杂铝的氧化锌（Al-Doepd ZnO, AZO）、掺杂氟的氧化锡（Fluorine-Doped Tin Oxide, FTO）、纳米银线（Nano-Silver Wire）以及纳米银粒（Nano-Silver Particle）等。在有机材料方面，有碳纳米管（Carbon Nanotube, CNT）、导电性高分子（Conductive Polymer）以及石墨烯（Graphene）等。

透明导电薄膜基板的基本特性要求是高的光穿透率以及低的片电阻值两项。目前，较常用的透明导电薄膜的玻璃基板有掺杂氟的氧化锡（Fluorine-Doped Tin Oxide，FTO）玻璃基板以及铟锡氧化物（Indium Tin Oxide，ITO）玻璃基板两种。

在掺杂氟的氧化锡（FTO）玻璃基板方面，其光穿透率以及片电阻值是较佳的，耐热性、耐酸碱性、耐用性以及耐还原性都是较优的。在铟锡氧化物（ITO）玻璃基板方面，其光穿透率、耐碱性、耐用性以及耐还原性是较佳的，片电阻值是较优的，耐热性以及耐酸性是较好的。

就掺杂氟的氧化锡玻璃基板而言，其光穿透率需达80.0%～90.0%，片电阻值则是5.0Ω、10.0Ω、250.0Ω、500.0Ω等。就掺杂氟的氧化锡薄片基板而言，其光穿透率需达80.0%～90.0%，片电阻值则是5.0Ω、10.0Ω、250.0Ω、500.0Ω等。在铟锡氧化物玻璃基板方面，其光穿透率需达89.0%～90.0%，片电阻值则是250.0Ω以及500.0Ω。就铟锡氧化物薄片基板而言，其光穿透率需达88.0%～90.0%，片电阻值则是250.0Ω以及500.0Ω。

在ITO透明导电薄膜方面，因基板材料不同而可分ITO玻璃（ITO Glass）以及ITO薄片（ITO Film）两种。

ITO玻璃（ITO Glass）基本规格的要求有表面电阻300～500Ω、光穿透率88%以上（550nm波长）以及薄膜厚度为200～400Å等。ITO玻璃的制造厂商有安可光电、冠华科技、正太科技、信安高新科技、洪氏英科技等。

ITO薄片（ITO Film）基本规格的要求有表面电阻500Ω、光穿透率86%以上（550nm波长）、表面硬度3H以上以及薄膜厚度为 200 ～ 400Å 等。ITO 薄片的制造厂商有帝人化成、尾池工业、东洋纺织、住友 Bakelite、日东电工等。

点间隔物（Dot Spacer）：在触摸屏下基板以及触摸屏上基板之间，于任一片基板表面均匀地散布着塑料球或玻璃纤维，并使上下两片的基板保持在液晶胞间隙中，以便完成触摸屏组合工程。

换言之，点间隔物（Dot Spacer）用于支撑上基板以及下基板之间保持一定间距，以避免产生错误动作；在制程上可分为干式制程以及湿式制程两种。

在干式制程方面，点间隔物的种类又可分为紫外线硬化型以及热硬化型两种。紫外线硬化型的点间隔物，其处理条件是 $1000mJ/cm^2$ 的照射密度；而热硬化型的点间隔物，其处理条件则是在 140℃以及 30min。前者的特性要求是硬化时间短，后者的特性要求是印刷性良好。

在湿式制程方面，依其光阻剂的种类又可分为正型光阻以及负型光阻两种。湿式制程又可称之为黄光微影制程。

干式制程的优点有制程设备成本较低、设备占地面积较小、制程耗水量较小、废液产生量较少等，而其缺点则有点间隔物形状与大小不易控制、高密度分布不匀、真圆性不佳、网版耐用性与清洗性不佳等。湿式制程的优点有点间隔物形状与大小易于控制、高密度分布均匀、真圆性较佳、直径 35μm 以下与高度 8μm 以下等，而其缺点则有制程设备成本较高、设备占地面积较大、制程耗水量较大、废液产生量较多、环保性问题较多等 。

间隔物（Spacer）散布法工程的方式，有湿式的散布法以及干式的散布法等两种，如图 4-7(a) 以及图 4-7(b) 所示。

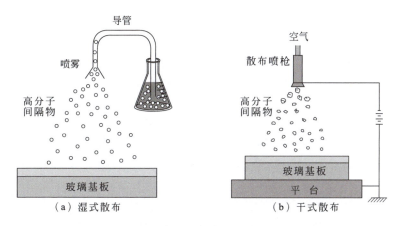

（a）湿式散布　　　　　　　　　（b）干式散布

图 4-7　间隔物（Spacer）散布法的工程示意图

它的方式是将一种氟利昂液体（Freon）以及间隔物相互混合后，利用湿式的喷雾散布法将其涂布于表面。由于氟化物的环保问题，近年来开发出对粉状的间隔物施加高电压，并利用静电的作用，将其散布于表面。

间隔物的主要材料有球状树脂类聚合物高分子、球状硅酸盐类、柱状感光性材料、玻璃纤维类四种，而其中以树脂类的应用在台湾地区的市场占有率最大，为 68.0%。

目前主要的制造商有日本积水精密化学公司、精密化学公司、日本触媒公司、触媒化成工业公司、Tokuyama 公司、JSR 公司、大日本印刷公司、宇部日东化成公司以及日本电气硝子公司等。其中日本积水精密化学公司在台湾地区的市场占有率最大，为 66.7%。

其他公司在台湾地区的市场占有率的百分数以及金额，其顺序依次为触媒化成工业公司（11.1% ／ 2 亿日元）、日本触媒公司（8.3% ／ 1 亿 5 千万日元）、日本电气硝子公司（7.2% ／ 1 亿 3 千万日元），以及其他厂商如宇部日东化成公司、Tokuyama 公司和 JSR 公司等（6.7% ／ 1 亿 2 千万日元）。

在贴合胶（Optical Conductive Attachment, OCA）方面：其基本功能要求是高的光穿透率、可与透明导电薄膜兼容、高的介电常数等。

毋庸置疑，贴合胶材料贴合于面板时，仍应保持高的光穿透率而不能影响面板的画质清晰度。至于与透明导电薄膜之间的兼容性，因为一般所用的透明导电薄膜材料是铟锡氧化物，因而材料不能有产生劣化的效应。在高的介电常数方面，主要是为了有效地提高电容值，进而增加触摸屏的反应灵敏性。

贴合胶的种类可以分为光学胶以及水胶两种。水胶是紫外线固化树脂材料。

在光学胶的特性方面，在贴合的过程中，需要使用真空设备。其贴合的厚度可以调节与掌控，线条平行度的保持以及贴合区域的控制是较容易的。在贴合的过程中，很容易产生气泡现象，而且贴合之后要去除是不容易的；此外，贴合之后，若存有极微小的气泡而未被发现的话，时间长久之后，这些极微小的气泡将会随着时间增加而变大，造成不良品而影响产出的良品率。解决这些极微小的气泡的方法，就是在制程之中使用真空设备从而抑制气泡的产生。

在水胶（紫外线硬化树脂材料）的特性方面，在贴合的过程之中，不需要使用真空设备，但是其环境的洁净度是不可忽视的。此外，其贴合的厚度调节与掌控是不容易的，而线条平行度的保持也是较困难的。在贴合的过程中，紫外线硬化树脂材料的调配量不适当时，会因为受压溢流而流出贴合区域之外，因此，在适当的位置涂适量的贴合胶获得极佳状态的贴合结果，这是需要一些制程经验才可以有效完成的。

在银胶电极材料（Silver Paste）方面，银胶的种类可分为热干燥型以及热硬化型两种。热干燥型的银胶，其处理条件为 120℃以及 30min，而热硬化型的银胶，其处理条件则是 90℃以及 30min；前者的特性要求是与 ITO 薄膜的附着性良好，后者的特性要求是可低温硬化。银胶的制造厂商有杜邦、3M、伊必艾科技、东洋纺织、太阳油墨、旭硝子等。在触摸屏上，银胶是使用印刷制程技术印制于 ITO 玻璃或 ITO 薄片上而制作成的电极，银胶与 ITO 玻璃或 ITO 薄片之间的密着性是很重要的，因而选择与 ITO 玻璃或 ITO 薄片附着较稳定、导电性高、残留应力低等特性的银胶材料是不可疏忽的。

在 ITO 防蚀刻液（ITO Etching Solution）方面，ITO 防蚀刻液的种类可分为紫外线硬化型以及黄光制程型两种。紫外线硬化型的 ITO 防蚀刻液，其处理条件是 $800 \sim 1000 mJ/cm^2$ 的照射密度；黄光制程型的 ITO 防蚀刻液，其处理条件则是 $50 \sim 150 mJ/cm^2$ 的照射密度。前者的特性要求是生产性高、剥离液污染性小，后者的特性要求是印刷性良好、精密度高。

在异方向性导电胶（Anisotropic Conductive Film，ACF）方面，异方向性导电胶用于连接银电极以及软性电路板之间的黏胶材料。异方向性导电胶的种类可分为热可塑型以及热硬化型两种。以热可塑型的异方向性导电胶为生产制程的主要材料，具有加热处理时间较短的优点。

在绝缘胶（Insulating Paste）方面，绝缘胶是用于连接银胶以及 ITO 导电薄膜的材料，此三种材料之间的附着性以及密着性是极为重要的。绝缘胶的种类可分为紫外线硬化型以及热硬化型两种。

紫外线硬化型的绝缘胶，其处理条件是 $1000mJ/cm^2$ 的照射密度，而热硬化型的绝缘胶，其处理条件则是 140℃以及 30min。前者的特性要求是与 ITO 薄膜的附着性良好，后者的特性要求是附着性以及耐折性均良好。绝缘胶的厂商有杜邦、3M、住友、藤仓、东洋纺织、太阳油墨、旭硝子、日立等。

在印制电路板（Printed Circuit Board，PCB）或软性电路板（Flexible Circuit）方面，这些电路板上嵌入各种不同功能的触控感应器、控制 IC、驱动器、电压调节器、电源管理芯片、交流 / 直流转换器等组件。

一般电路的设计过程中，均有数字（Digital）以及模拟（Analog）两种不同的集成电路部件（Integrated Circuit，IC）。例如：在 iPhone 4 手机之中，具有 24 个集成电路部件（IC），而其中有 15 个是模拟型集成电路部件，这说明了在电子信息应用系统之中，模拟型集成电路部件仍是极为重要的基本零部件。

在各种不同的电子信息应用系统之中，也都有电子信号及其数据的输入、输出以及转换等过程，因而模拟型集成电路部件就是负责电子信息应用系统及其外在世界之间信息传递的基本零部件。模拟型集成电路部件的基本要求有：低的电磁波（噪声）干扰、高的工作电压稳定性、低的突波、小型化的体积等。

就电源管理芯片（Power Source Management Chip）而言，它是一种电源管理模拟集成电路部件（Power Source Management Analog IC），也是电力电子技术及其应用产品中不可或缺的基本零部件之一。若电源管理芯片应用于数字电视系统产品之中，则此系统可节省25%～30%的电力消耗；若使用于照明应用系统产品之中，则可节省 20% ～ 25% 的电力损耗。

若与数字集成电路部件（Digital IC）相比较的话，一般模拟集成电路部件（Analog IC）的特点有：技术层次较高、复杂性较高、定制化程度较高、产品市场稳定性较高、价格波动性较低等。

模拟集成电路部件的种类视其应用系统产品功能性而有不同的类别，就触控屏幕的应用系统产品而言，其模拟集成电路部件有线性电压调节器（Linear Regulator）、开关型电压调节器（Switching Regulator）、保护开关（Protection Switching）、一般型电压调节器（General Switching Regulator）、大电流开关型电压调节器（High Current Rating Switching Regulator）、照明驱动器（Lighting Driver）、电池充放电管理集成电路部件（Battery Management IC）、离线式交流 / 直流控制器（Off-line AC/DC Controller）、液晶显示器驱动器（LCD Driver）、触控感测芯片（Touch Sensor IC）或触控感测控制器芯片（Touch Sensor Controller IC）等。

在保护玻璃（Cover Glass）或薄片（Cover Film）方面，其主要的功能在于防刮伤或抗静电，以使触摸屏在显示面板上具有触控以及保护的作用。

保护玻璃的生产厂家主要有美国康宁公司（CORNING）、日本旭硝子公司（Asahi Glass Corporation, AGC）、德国肖特公司（SCHOTT）以及日本电气硝子公司（Nippon Electric Glass, NEG）等。

美国康宁公司（CORNING）所生产的保护玻璃是一种商品代号为 Gorilla 的环保型铝硅酸盐的强化玻璃，是应用于智能型手机的屏幕触控玻璃。康宁触控玻璃（Corning Gorilla Glass）称为"大猩猩玻璃"，强化型康宁触控玻璃的应用强度与应力层厚度分别为大于 6000MPa 以及大于 40μm，远大于一般强化后铅玻璃的 300～450MPa 以及 8～1240μm。

在触控玻璃方面，康宁公司应市场的需求，开发出第一代 Gorilla 2318 型号、第二代 Gorilla 2319 型号、第三代 Gorilla 2320 型号。第一代 Gorilla 2318 型号康宁触控玻璃的厚度为 0.7～2.0mm，而第二代 Gorilla 2319 型号比第一代康宁触控玻璃的厚度少了 20%；至于第三代 Gorilla 2320 型号康宁触控玻璃，因使用抗天生损坏改良技术而使其划痕减少 40%，结构强度提升 40%。第一代 Gorilla 2318 型号康宁触控玻璃的厚度可加工处理至 0.3mm。

此外，德国肖特公司（SCHOTT）、美国康宁公司（CORNING）、日本旭硝子公司（AGC）、日本电气硝子公司（NEG）等玻璃公司，均开发出 0.04～0.1 mm 厚度不等的超薄玻璃（Ultra Thin Glass）。

日本旭硝子公司（AGC）的保护玻璃是一种高耐磨耗性的保护玻璃，商品型号为 Dragontrail，为厚度可达 0.28mm 的超薄苏打石灰玻璃基板或钠钙玻璃基板；在产品厚度及重量方面，较目前产品最薄的 0.33mm 玻璃基板要减少 15% 左右。Dragontrail 系列的玻璃材料是一种高耐磨耗性的钠钙玻璃基板或苏打石灰玻璃基板，极适合用于触摸屏的表面保护玻璃。钠钙玻璃或苏打石灰玻璃（Soda-Lime Glass, SLG）主要的化学成分为氧化钠以及二氧化硅等，已应用于建筑、汽车以及不同类型的电子产品。

此类型的玻璃材料使用全新且高效能的浮式平板玻璃窑炉制

程（Float Process），它是一种制造玻璃的方法，将熔融的液态玻璃漂浮并流动于低熔点的金属液表面，选用高效率且平坦性好的玻璃基板材料。此外，经化学强化处理的 Dragontrail 系列的玻璃材料，耐用性好且可防划痕，其强度也较传统钠钙玻璃增加 6 倍之多，其表面光泽，比树脂玻璃更透明，且具有较高的耐划性。

德国肖特公司（SCHOTT）研发的 Xensation 系列触控屏幕玻璃，是一种全系列玻璃材料及其触控解决方案的技术。XensationTM Touch 系列的玻璃材料是一种高透明性的硼硅酸盐玻璃材料，其厚度最薄可达 0.03mm，适合电阻式触摸屏产品的应用。此类型的材料具有高的抗化学性，并有良好的耐侵蚀性，也已应用于车用卫星导航系统。XensationTM Cover 系列的玻璃材料是一种锂铝硅酸盐玻璃材料，使用浮式玻璃制程来制造，适合电容式触摸屏产品的应用。此类型的材料具有较低的玻璃转移温度（约 506℃），经由化学强化加工处理后，具有超高的强度、高的抗断裂性以及高的抗划伤性等性质，因而极适合用作智能手机以及平板电脑的表面保护玻璃。

日本电气硝子公司（Nippon Electric Glass，NEG）是世界上第三大液晶显示器用玻璃基板材料的制造商，仅次于美国康宁公司（CORNING）以及日本旭硝子公司（AGC），略强于德国肖特公司（SCHOTT）。在触摸屏的玻璃基板材料方面，仍是由美国康宁公司（CORNING）、日本旭硝子公司（AGC）、日本电气硝子公司（NEG）以及德国肖特公司（SCHOTT）四分天下。

日本电气硝子公司开发出超薄玻璃片 G-Leaf 以及化学强化玻璃 Dinorex 两种新系列产品，前者是用于制作软性电子产品的玻璃基板材料，而后者则是用于触摸屏的保护玻璃（Glass Cover，GC）基板材料。日本电气硝子公司的玻璃材料，其主要的化学成份是铝硅酸盐类（Alumino-Silicate）无机材料。

在化学强化玻璃的 Dinorex 方面，其商品型号是取自于"恐龙"以及"王"两者的意义，"恐龙"的字义是取自于英文的 Dinosaur，而"王"的字义则是取自于拉丁文的 Rex，因此"恐龙王"（Dinorex）是由前述的两种字义所组合而成的。Dinorex 型号 T2X 系列的保护玻璃，又可分为着重于较高强度的 T2X-1 以及专注于较大较薄的 T2X-0 两种。前者 T2X-1 的优点在于高强度以及高穿透率，而后者 T2X-0 的特点在于较大且较薄、高抗划性以及轻量性等。此类型的玻璃基板材料，其特殊的要求项目有光学性质、热稳定性、电绝缘性、化学稳定性、抗候性（Weather Resistance）以及气密性（Gas Barrier）等。

在超薄玻璃片 G-Leaf 方面，玻璃片的厚度可有 $35 \sim 300\,\mu m$ 等不同规格，其宽度可达 0.5m 而长度为 100m，并卷入半径 26cm 的圆筒中。实际上，一般头发丝的直径是 $60 \sim 90\,\mu m$。此类型的玻璃基板材料，其特性的要求项目有可挠曲性、轻量性、加工性（Workability）以及环保性（Ecology）等。此外，此超薄玻璃片可用于制作可卷曲式的（Rollable）或可弯曲式的（Bendable）液晶显示器面板、触摸屏、有机发光二极管（OLED）以及有机太阳能电池（Organic Photovoltaics，OPV）等。

无论是哪一家生产厂家，在触摸屏的玻璃基板材料方面，世界各国极为关注的重点项目是环保性材料的研究与开发。

在环保性的要求下应考虑世界环境的准则，例如限制性有害物质的使用条例（Restriciting the use of Hazardous Substances, RoHS）、化学品登录评估认证与限制条例（Registration, Evaluation, Authorization and Restriction of Chemicals，REACH）、环保设计节能和寿命评估条例（Directive EuP，EcoDesign，Energy Saving and Lifetime Assessment）等。

在玻璃基板材料的制作上，应该考虑节省资源、低碳量排放以及绿色制程的开发。在节省资源和低碳量排放方面，所考虑的项目有资源的节省、制造能量的减少、废弃物的减少、传输效率的提高等；而在绿色制程的开发方面，所考虑的项目有化学制程的减少、喷墨涂布印刷制程以及滚轮对滚轮制程的使用等，以达到环保绿色的零污染生产过程。

4.2　触摸屏的关键性零部件

触摸屏是一种人机接口技术的功能性产品，触摸屏布置有敏感性高的传感器或感应器（Sensor）。当触摸屏受到外来因素而触碰时，其电场或电压将产生某些程度的变化，此模拟信号将处理成数字信号，而在处理过程中可以计算出所触摸位置的坐标值。触摸屏又称为智能型面板。当触摸屏受到外来因素触磁而在处理过程中计算出所触摸位置的坐标值是一个关键性零部件所执行的，此关键性零部件即是触控感测芯片（Touch Sensor IC）或触控感测控制器芯片（Touch Sensor Controller IC）。

4.2.1　电容式触控 IC 技术

电容式触控 IC 的种类有电阻分流（新思、3M）、电容串接分压

（Apple）、电荷移转（Atmel，Microchip）、差动输入（禾瑞亚）、不同充放电（Cypress，义隆电子）五种。

触控感测控制器芯片（Touch Sensor Controller IC）的制造厂家有禾瑞亚科技（EETI）、联阳半导体（ITE）、奕力科技（Ilitek）、Synaptics、Wacom、赛普拉斯半导体（Cypress Semiconductor）、Quantum、瀚瑞（PIXCIR）、阿尔卑斯（Alps）、爱特梅尔（Atmel）、Melfas、高通（Quacom）、博通（Broadcom）、义隆电子（Elan Microelectronics Corp.）、原相科技（PixArt Imaging Inc.）、迅杰科技（ENE Technology Inc.）、伟诠电子（Weltrend）、盛群半导体（Holtek Semiconductor Inc.）、硅统科技（SiS）、倚强科技（SQ Technology Co.）、联咏（Novatek Microelectronic Corp.）、硅创（Sitronix）、松翰（Sonix Technology Co.）等。

触控感测芯片又可分为触控感测定制化芯片（Touch ASIC）以及触控感测微控制器芯片（Touch MCU）等。

在触控感测定制化芯片（Touch ASIC）方面，其基本特性的要求有超低功率待机消耗、宽的工作电压范围、单线串行传输接口、可提供 1～8 个触控按键、环境自我校正功能等。在触控按键方面，有单键、双键、四键、六键、八键等不同数目的触控按键。在电压值为 3.0V 时，其待机态电流值为 1.5～5.0μA。其按键输出方式，有位准启动维持（Level-Hold）或按钮锁定（Toggle）两种。在芯片封装形态方面，则有 SOT23-6、8SOP、16NSOP、20SOP/SSOP 等。

在触控感测微控制器芯片（Touch MCU）方面，其基本特性的要求有高抗噪声与抗静电性、超低功率消耗、宽的操作电压范围（2.2～5.5V）、宽的操作温度范围（−40～85℃）、内建高分辨率

12bit A/D、内建 8bit 时序器（Timer）、环境自我校正功能、内建高精度系统频率产生电路（8bit PWM）等。在触控按键方面，也有单键、双键、四键、六键、八键等不同数目的选择。在芯片封装形态方面，则有 16NSOP、24/28SOP、44QFP 等。在高内建精准 RC 振荡器（HIRC）方面，则有 4 MHz、8 MHz、12 MHz 等。此外，还有程序内存（Program Memory）以及数据内存（Data Memory）等，其记忆容量分别为 2kb×15 与 4kb×15 以及 96b×8 与 224b×8。

在此，就以意法半导体公司的触控感测控制芯片为例来说明，其主要的触控感测控制芯片（Touch Screen Controller）有电阻式以及电容式两种。其产品的型号为 STMPE 610、STMPE 811、STMPE 812A、STMT05E、STMT07 五种，前三者是可应用于电阻式触摸屏的触控感测控制芯片，而后两者则应用于多点触控的电容式触摸屏。在 STMPE 610、STMPE 811、ST-MPE 812A 的触控感测控制芯片方面，其封装方式有 VFQFPN（3mm×3mm×1mm）以及 Flip-Chip 两种，通信接口技术有 I^{2}C 以及 SPI 两种，供电电压（Supply Voltage，V_{cc}）最小值以及最大值分别为 1.8V 以及 3.3V 或 1.65V 以及 3.6V，输入输出端的数量有 4、6、8 等。在 STMT05E 以及 STMT07 的电容式触控感测控制芯片方面，其封装方式有 UFQFPN（6mm×6mm×0.6mm）以及 LGA（5.5mm×5.5mm×0.6mm）两种，通信接口技术有 I^{2}C 以及 SPI 两种，供电电压（Supply Voltage，V_{cc}）最小值以及最大值分别为 1.8V 以及 5.5V，输入输出端的数量有 32 以及 55。此外，有关各厂商触控感测控制芯片的相关详细规格，可参考其网页的新版信息。

最后，电容式触摸屏将朝向多点触控方式以及内嵌式结构两种方向发展，特别是在内嵌式（In-Cell Type）结构方面，将使得触摸屏所用的"感测控制芯片（Touch Panel Controller，TPC）"以及显示面板所用的"驱动控制芯片（Display Driver IC，DDI）"两颗 IC 芯片整合成为一颗触摸屏感测芯片（Touch with Display Driver IC，TDDI），如此可使感测节点数量减少。

4.2.2　公共程序或软件驱动程序（Utility）

目前，在市面上常见的操作系统是美国微软公司、美国苹果公司（Apple）、美国谷歌公司（Google）三家公司的操作系统，以前两者居多。

美国微软公司（Microsoft）的 Windows 版窗口操作系统，可分为一般用的数字板驱动程序 Windows 以及专业用的数字板驱动程序 Windows 两种。

美国苹果公司（Apple）的 Macintosh 版（麦金塔）操作系统，可分为一般用的数字板驱动程序 Mac OSX、专业用的数字板驱动程序 Mac OSX 以及数字板驱动程序 Mac OS9 三种。

此部分仍有待于应用产品开发之后，由硬件制造商与这两家软件公司相互授权开发。

4.3　触摸屏的接口技术

就一般触摸屏系统而言，有信号输入端、电路板模块端、系统输出端等部分，其简易的示意图如图 4-8 所示。在信号输入端方面，主要有模拟输入（Analog Inputs）以及触控按钮（Touch Key）；

而在电路板模块端方面，则有触控感测芯片（Touch Sensor）、12位的模拟数字转换器（ADC）、8位精简指令集运算数码（RISC Core）、液晶显示器驱动芯片（LCD Driver）等；在系统输出端方面，则是液晶显示器面板（LCD Panel）。

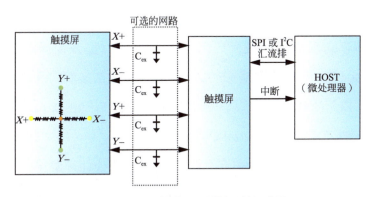

图 4-8　一般触摸屏系统简易的示意图

一般的芯片与系统之间串行通信总线接口技术，有通用型输入输出（General Purpose Input/Output, General Purpose I/O, GPIO）、内部整合电路（Inter-Integrated Circuit, I^2C）、串行总线接口（Serial Peripheral Interface, SPI）等。

在"通用型输入输出（GPIO）"方面，通用型输入输出，其英文全名为 General Purpose I/O，简称为 GPIO，其功能类似于 8051 的 P0 ～ P3，其引脚（Pin）不仅可依实际情况作为通用输入、通用输出、通用输入与输出，而且可以让使用者经由控制器而自由地运用，例如频率产生器（CLK Generator）、芯片选择（Chip Select）。

就通用型输入输出（GPIO）而言，若一个引脚可作输入、输出或其他的功能等，则有缓存器（Rigister）用于选择这些功能。就输入的操作而言，可通过读取某一缓存器来确认引脚电位差的高低；

就输出的操作而言，可通过写入某一缓存器来使其引脚输出高的电位差或低的电位差；其他的功能则可借由其他的缓存器来控制和操作。

在"内部整合电路（I^2C）"方面，它的英文全名是 Inter-Integrated Circuit，可说是一种"多主从架构"的串行通信总线，使用两条双向开放式漏极，运用电阻将其电位提升，标准的电平（Voltage Level）分别是 +5.0V 或 +3.3V。在两条双向开放式漏极（Drain Electrode）方面，一条是串行数据（Serial Data，SDA），而另一条是串行频率（Serial Clock，SCL）。

I^2C 总线于 20 世纪 80 年代由荷兰飞利浦公司开发出来，用于串接飞利浦公司所生产的芯片，使主机板、嵌入式系统以及移动通信系统可以连接于低速外围设备。一般 I^2C 总线依其传输速率的不同而有不同的模式分类，分别有标准模式（SM）的 100kbps、低速模式（LM）的 10kbps、快速模式（FM）的 400kbps、高速模式（HM）的 3.4Mbps、超快速模式（UFM）的 5.0Mbps 等五种。I^2C 总线的设计是使用一个 7 位长度的地址空间并维持 16 个地址，故一组总线中最多可与 112 个节点通信；在快速模式以及高速模式下，总线可与 10 个位长度的寻址模式连接 1008 个节点。最大节点数目受制于地址空间以及总线上的总电容值，其最大电容值可为 400pF。

I^2C 总线接口技术的另一种用途，是在微控制器方面的应用，运用两条通用的输入输出引脚及其软件的规划，可促使微控制器来控制一个小型网络系统。此外，I^2C 总线接口技术可以在系统运行的时候，使其外围设备同时进行总线输入与输出。就内部整合电路设计而言，大部分的制造成本来自于芯片的封装尺寸及其引脚数量。然而，更小的封装尺寸不仅可以减轻重量，也可以减少电源消耗，这是移动式或手持式设备的重要考虑要素之一。

在"串行总线接口（SPI）"方面，有时称之为串行外设接口或串行外围接口（Serial Peripheral Interface，SPI），它是一种四线式串行总线接口形成主／从（次）结构的技术。四条导线分别是串行频率（SCLK）、主出从入（MOSI）、主入从出（MISO）以及从选（SS）等信号。在此，主部件为一频率提供者（Clock Supplier），可进行读取从（次）部件或写入从（次）部件的数据，此时主部件将与一个从部件进行对话。当总线上存有多个从部件时，则进行一次传输，主部件将该从部件的选择线拉低，并通过 MOSI 以及 MISO 线路分别启动数据产生发送或接收。一般的芯片与系统之间串行通信总线接口技术，某些详细的说明也可参考第 2 章的部分。

📖 专有名词

01. ITO 感应器（ITO Sensor）：在玻璃或胶卷基板材料表面镀有透明导电薄膜而使其具有感应或感测功能的一种部件。

02. 物理强化玻璃（Physical Strengthened Glass）：此种玻璃式以热处理方式来达成强化的作用，一般用于厚度 3 ～ 100mm 的玻璃。强化测试实验有钢球冲击试验以及抗压试验两种。前者是以 1.04kg 钢球由 1.5m 自由落下，冲击玻璃正中心而冲击后玻璃表面无任何破裂的痕迹，此为全强化玻璃。若冲击后玻璃表面产生直径 3.0mm 以上的破裂痕迹，此即是半强化玻璃。在抗压试验方面，以相同尺寸样品及相同方法进行测试，则一般全强化玻璃的抗压强度为半强化玻璃的 1.5 ～ 2 倍。经过这些试验之后，全强化玻璃的破碎颗粒较细小，而半强化玻璃则是呈现尖锐的块状。

03. 化学强化玻璃（Chemical Strengthened Glass）：将一般玻璃浸泡于硝酸钾（KNO_3）溶液之中，运用离子交换的方式将钠离子置换而增加其表面层的玻璃强度，通常用于厚度 2.0mm 以下的玻璃，而处理过程的速度是较慢的。

04. 光学贴合胶（Optical Conductive Adhesive，OCA）：它是用于贴合触控屏幕以及显示模块的一种光学级的结合胶材料，具有高的光学穿透性，可有效大幅提升阳光下的可判读性以及提高其显示对比性。光学贴合胶依其形态种类区分，可分为液态 OCA 光学胶以及 OCA 光学胶带两种。

05. 间隔物（Spacer）：一种具有弹性功能的材料，用于保持两层基板之间有一定距离。

06. 银胶电极材料（Silver Paste）：一种具有导电性的接合胶材料，通常应用于制作电路中的导电电极，以便传输电子信号。

07. 保护玻璃（Cover Glass）：保护玻璃顾名思义就是一种可用于保护其底层结合的模块及其表面材料的强化玻璃。

08. 公用程序（Utility）：提供计算机使用者对计算机系统下达执行命令的共享文件，如 DOS 操作系统中的 Filename 文件以及 Unix 操作系统中的 Directory 文件夹等。

09. 内部整合电路（Inter-Integrated Circuit, I²C）：它是一种多主从架构的串行通信总线，使用两条双向开放式漏极，运用电阻将其电位提升，其标准的电平（Voltage Level）分别是 +5.0V 或 +3.3V。在两条双向开放式漏极（Drain Electrode）方面，一条是串行数据（Serial Data, SDA），而另一条是串行频率（Serial Clock, SCL）。

10. 通用型输入输出（General Purpose Input/Output, General Purpose I/O, GPIO）：通用型输入输出的功能类似于 8051 的 P0~P3，其引脚（Pin）依实际状况而作为通用型输入、通用型输出、通用型输入输出等，引脚可由程序控制自由使用。就通用型输入而言，它可经由读取某一缓存器来确认其引脚输入电位的高低。就通用型输出而言，它可经由写入某一缓存器来确认其引脚输出电位的高低。

11. 串行总线接口（Serial Peripheral Interface, SPI）：有时称之为串行外设接口或串行外围接口（Serial Peripheral Interface, SPI），它是一种四线式串行总线接口形成主 / 从（次）结构的技术。四条导线分别是串行频率（SCLK）、主出从入（MOSI）、主入从出（MISO）以及从选（SS）等信号。主部件为一频率提供者（Clock Supplier），可进行读取从（次）部件或写入从（次）部件的数据，此时主部件将与一个从部件进行对话。当总线上存有多个从部件时，则进行一次传输，主部件将该从部件的选择线拉低，并通过 MOSI 以及 MISO 线路分别启动数据产生发送或接收。

12. 模拟数字转换器（Analog-Digital-Converter，ADC，A to D，A/D）：一种可将模拟信号转换成数字信号的电子组件，可利用数字信号来处理相关信号及其信息存储。此类组件常用于计算机、测量、通信、网络、仪器等相关系统产品。

13. 精简指令集运算数码（Reduced Instructions Set Computing，RISC Code）：它是计算机中央处理器的一种设计模式，可对指令数目与寻址方式进行精简化运算处理，促使实务操作更容易，指令并列执行更好，编译器效率更高。1980 年加州大学伯克利分校进行 Berkeley RISC 计划，而美国 IBM 公司的 IBM 801 应是第一个使用精简指令集运算概念而设计的计算器系统。精简指令集运算应用于微处理器的例子有 ARC、ARM、AVR、MIPS、PARISC、SPARC 等。

14. 高内建精准 RC 振荡器（High Internal RC，HIRC）：一种具有高内建精准频率功能的 RC 振荡器，它也具有内部频率（Timing）性能的技术。

习题练习

01. 请列举出触摸屏的关键性材料及其零部件有哪些？

02. 请列举出触摸屏接口技术的种类有哪些？

03. 强化玻璃基板的技术种类有哪些？

04. 请描述物理钢化玻璃的制作过程及其特性。

05. 请描述化学钢化玻璃的制作过程及其特性。

06. 请说明贴合胶、保护玻璃、间隔物、银胶电极材料的概念及其
功能。

📖 参考文献

01. H. Tolner, B. Feldman, D. McLean and C. Cording, *"Transparent Conductive Oxides for Display Applications"*, Information Display, Vol. 24, No.7 (2008) 28–32.

02. B. DeVisser, *"Conductive-Polymer Developments in Resistive-Touch-Panel Technology"*, Information Display, Vol. 22, No.12 (2006) 32–35.

03. H. Tolner, B. Feldman, D. McLean and C. Cording, *"Transparent Conductive Oxides for Display Applications"*, Information Display, Vol. 24, No.7 (2008) 28–32.

04. T. Wang and T. Blankenship, *"Projected-Capacitive Touch Systems from the Controller Point of View"*, Information Display, Vol. 27, No.3 (2011) 8–11.

05. G. Largillier, *"Developing the First Commercial Products that Uses Multi-Touch Technology"*, Information Display, Vol. 23, No.12 (2007) 14–18.

06. D. S. Hecht, D. Thomas, L. B. Hu, C. Ladous, T. Lam, Y. B. Park, G. Irvin and P. Drzaic, *"Carbon Nanotube Film on Plastic as Transparent Electrode for Resistive Touch Screens"*, J. of Soc. Inf. Display, Vol. 17 (2009) 941–944.

07. D. S. Hecht, D. Thomas, L. B. Hu, C. Ladous, T. Lam, Y. B. Park,

G. Irvin and P. Drzaic, *"Carbon Nanotube Film on Plastic as The Touch Electrode in a Resistive Touch Screen"*, SID International Symposium Digest of Technical Papers (SID'09), Vol. 40 (2009) 1445–1448.

08. S. W. C. Chan and Y. Lu, *"Capacitive Multi-Touch Controller Development Platform"*, SID International Symposium Digest of Technical Papers (SID'09), Vol. 40 (2009) 1287–1290.

09. C. F. Huang, Y. C. Hung and C. L. Liu, *"Precise Location of Touch Panel by Employing the Time-Domain Reflectometry"*, SID International Symposium Digest of Technical Papers (SID'09), Vol. 40 (2009) 1291–1294.

10. C. Brown, K. Kida, S. Yamagishi and H. Kato, *"In-Cell Capacitance Touch-Panel wit Improved Sensitivity"*, SID International Symposium Digest of Technical Papers (SID'10), Vol. 41 (2010) 346–349.

11. T. M. Wang, K. D. Ker, Y. H. Li, C. H. Kuo, C. H. Li, Y. J. Hsieh and C. T. Liu, *"Design of On-Panel Readout Circuit for Touch Panel Application"*, SID International Symposium Digest of Technical Papers (SID'10), Vol. 41 (2010) 1933–1936.

12. J. E. Pi et al, *"Touch-Panel Controller Implemented with LTPS TFTs"*, SID International Symposium Digest of Technical Papers (SID'09), Vol. 40 (2009) 443–446.

13. K. A. Sierros and S. N. Kukureka, *"Mechanical Integrity of Touch-Screen Components"*, J. Soc. Inf. Display, Vol. 17 (2009)

947–950.

14. J. M. Liu, T. M. Lee, C. H. Wen and C. M. Leu, *"High-Perfor-mance Organic-Inoragnic Hybrid Plastic Substrate for Flexible Displays and Electrons"*, J. Soc. Inf. Display, Vol. 19 (2011) 63–66.

15. A. J. S. M. de Vaan, *"Competing Display Technologies for the Best Image Performance"*, J. Soc. Inf. Display, Vol. 15 (2007) 657–660.

16. B. Mackey, *"Trends and Materials in Touch Sensing"*, SID International Symposium Digest of Technical Papers (SID'11), Vol. 42 (2011) 617–620.

17. H. Haga, J. Yanase, Y. Kamon, Y. Kitagishi, K. Takatori, H. Asada and S. Kaneko, *"Touch Panel Embedded LCD using Conductive Overlay"*, The 16th International Display Workshops, IDW'09 (2009) 2143–2146.

18. B. Geaghan, R. Peterson, G. Taylor, *"Low Cost Mutual Capacitance Measuring Circuits and Methods"*, SID International Symposium Digest of Technical Papers (SID'09), Vol. 40 (2009) 451–454.

19. T. K., C. Y. Less, M. C. Tseng and H. S. Kwok, *"Simple Single-Layer Multi-Touch Projected Touch Panel"*, SID International Symposium Digest of Technical Papers (SID'09), Vol. 40 (2009) 447–450.

20. D. M. Chiang, J. L. Chen, B. S. Du, C. J. Wang and S. R. Lin, *"Flexible*

Polymer Electrets for Flexible, High-Performance, Paper-like Speakers, and Touch Panel Applications" , SID International Symposium Digest of Technical Papers (SID' 11) , Vol. 42 (2011) 280-283.

21. D. G.. Jiin, S. G. An, H. S. Kim, Y. J. Kim, H. W. Koo, T. W. Kim, Y. G. Kim, H. K. Min and S. C. Kim, "*Materials and Components for Flexible AMOLED Display"* , SID International Symposium Digest of Technical Papers (SID' 11), Vol. 42 (2011) 492-495.

22. T. Nakamura, H. Hayashi, M. Yoshida, N. Tada, M. Ishikawa, T. Motai and T. Nishibe, "*A Touch Panel Function Integrated LCD Including LTPS A/D Converter"* , SID International Symposium Digest of Technical Papers (SID' 05) , Vol. 36 (2005) 1054-1055.

第 **5** 章 透明导电薄膜的种类及其技术

本章节的主要内容是透明导电薄膜的基本种类、透明导电薄膜的基本特性、透明导电薄膜的制程技术三大部分。一般读者可以经由其透明导电薄膜的种类、特性及其制程技术，来了解透明导电薄膜及其触摸屏应用技术之间的关联性。

5.1 透明导电薄膜的基本种类

不同种类的透明导电薄膜，因其感应方式及其显示面板性能的要求不同，而有不同的差异性存在，特别是透明导电薄膜材料的选择及其薄膜的物理与化学特性。

目前，透明导电材料的种类有金属薄膜、金属化合物、非金属化合物、碳纳米材料、纳米导电性分散型铁电材料以及银纳米颗粒等，以金属氧化物薄膜（Metal Oxide Film）为应用的主流。一般透明导电材料的种类及其分类如图 5-1 所示。

➢ 纯金属薄膜
a. Au、Ag、Pt、Cu、Al、Cr、Pd、Rh，在 <10nm 厚度的薄膜，均有某种程度的可见光的透光率
b. 早期使用于组件的透明导电的电极材料
c. 缺点：光的吸收度较高、硬度较低、稳定性较差

➢ 金属化合物薄膜（TCO）
泛指具有透明导电性的氧化物、氮化物、氟化物
a. 氧（氮）化物：In_2O_3、SnO_2、ZnO、CdO、TiN
b. 掺杂氧化物：$In_2O_3:Sn(ITO)$、$ZnO:In (IZO)$、$ZnO:Ga(GZO)$
$ZnO:Al(AZO)$、$SnO_2:F$、$TiO_2:Ta$、$ZnO:In/Ga(IGZO)$
c. 混合氧化物：In_2O_3-ZnO、$CdIn_2O_4$、Cd_2SnO_4、Zn_2SnO_4

图 5-1 一般透明导电材料的种类及其分类

在薄膜的形式方面，有单层膜、双层膜、多层膜、无掺杂型、掺杂（Doping）型、多元素型等。

各种类型的触摸屏之中，透明导电材料及其薄膜仍然是以掺杂氧化铟的氧化锡（ITO）薄膜为主的；而氧化锡 [Tin(IV) Oxide, SnO_2]、氧化锌（Zinc Oxide, ZnO）、其衍生的掺杂氧化铝的氧化锌（Aluminum-doped Zinc Oxide, AZO）以及掺杂氧化铟与氧化镓的氧化锌（Indium, Aluminum-doped Zinc Oxide, IGZO），则是新时期研究开发的新透明导电薄膜材料。此外，银纳米颗粒、

碳纳米管（Carbon Nanotubes，CNTs）、纳米石墨烯（Graphene）等纳米级材料也是新时期研究开发的新透明导电薄膜材料。目前，代表性的透明导电薄膜材料及其特性如表 5-1 所示。

表 5-1　代表性的透明导电薄膜材料及其特性

材料	电导率	穿透率	耐热性	耐还原性	耐酸性	雾度	价格
ITO	◎	○	△	×	△	◎	高
FTO	○	○	◎	◎	◎	◎	低
CNT	△	△	◎	○	○	◎	中
PEDOTPSS	△	△	○	○	○	◎	中下
M.M	◎	◎	△	○	△	△	中上
SNW	◎	◎	△	○	△	○	中上

◎：优　　　○：佳　　　△：可　　　×：差

M.M：Metal Mesh（金属网）。SNW：Silver Nanowire（银纳米线）。

在透明导电薄膜的种类方面，因其靶材材料的种类不同，可分为氧化铟锡薄膜（ITO Film）以及铟锡合金薄膜（IT Alloy Film）两种。氧化铟锡薄膜因其颜色是白的而被称为白膜（White Film），而铟锡合金薄膜的颜色为黑的而被称为黑膜（Black Film），黑膜仍需经过氧化的热处理，使其变成白膜，才可以应用于透明导电薄膜及其光电部件。

就氧化铟锡薄膜（ITO Film）而言，通常是将烧结体利用电子束加热而使其在适当的氧分压下蒸发，并于 300℃预热的基板表面蒸镀成薄膜形态，因其薄膜的颜色是白色的，故称之为白膜（White Film）。以氧化铟锡烧结体为靶材，其所制作溅镀薄膜的特性，有较佳的酸蚀刻速率、优异的图案加工性、膜厚均一的大面积基板等优点。

在酸蚀刻速率方面，一般蚀刻液的基本组成，是含有少量的硝酸，并以 1:1 的纯水或 2:1 的氯化铁，与盐酸形成混合液，其处理温度是在 40～50℃。对大面积且膜厚均一的基板而言，在 200～300Å（1Å=10^{-10}m）的薄膜区域，其电性是呈现高的电阻率，为（2.5～3.0）×10^{-4}Ω·cm；在约 2000Å 的厚膜区域，则其电性是低的电阻率，为（1.7～2.0）×10^{-4}Ω·cm。在一般的情况之下，这些薄膜于 300～500℃经由热处理加工之后，其电阻值将会上升 2.5～3.0 倍。

蒸镀薄膜（Evaporated Films）的特性与溅镀膜（Sputtered Films）是相同的，仅是其点蒸发源不容易形成膜厚均一的大面积基板。此外，利用有机金属化合物喷雾于约 500℃预热的基板表面，将发生热分解反应而形成所需的薄膜，其热稳定性是差的，然而其蚀刻性是好的。在浸镀法（Dip Coating）方面，使用浸镀法成膜之后，再进行加热分解处理，则所形成薄膜的电阻率是高的，低电阻膜的形成是不容易的，然而其制程成本是低的。

就铟锡合金薄膜（IT Alloy Film）而言，铟锡合金薄膜的靶材是铟锡合金材料，而非铟锡氧化物陶瓷材料，利用溅镀法以及室温制程条件来制作半透明非晶质膜。经电极图案加工以及配向膜处理等工程，使其稳定化以及透明化，因其薄膜的颜色是黑色的，因而称之为黑膜（Black Film）。此黑色合金膜，仍然需要经过氧化热处理而形成氧化物薄膜后才可使用，一般热处理温度在 300℃以上，而在 250℃附近将产生剧烈的反应，其薄膜的电阻值以及透光率都将有相当大的变化。换言之，此黑膜已由合金的状态转变成氧化物的状态。

此类薄膜的蚀刻速率是较大的，而且容易进行电极图案加工，其蚀刻液的基本组成是浓度 0.1 ～ 0.5mol/L 的盐酸（HCl），而制程处理温度为 40℃左右。在电极图案加工后的热处理，使其薄膜电阻值是 20 ～ 30Ω；铟锡合金薄膜对于碱金属成分的化学性是微弱的，而且其硬度也是微弱的，故在搬运以及储存的时候，应该多注意安全。

一般氧化铟锡透明导电薄膜的质量需求项目有表面电阻、透光率、电阻率、耐热性、耐酸碱性、电极图案加工性、电化学稳定性、膜表面形状、成膜温度、膜附着性、膜外观性、面积、折射率、成本等。其定量化的标准值则如下所示。

——较低的表面电阻（＜ 10Ω）。

——较高的透光率（在 550nm 波长的光谱区域，可达 80% ～ 92%）。

——较低的电阻率。

——较高的耐热性。

——较高的耐酸碱性。

——良好的电极图案加工性（蚀刻特性以及微影技术）。

——良好的电化学稳定性。

——优质的膜表面形状（晶粒形态、大小以及其粗度，粗度越小越好）。

——较低的成膜温度（可应用于沉积在软性基板）。

——较佳的膜附着机械强度、膜厚及硬度。

——良好的膜外观性（异物、污点、缺陷、伤痕及缺陷的大小）。

——较大的面积。

——较适当的折射率，其值的大小约为 1.9。

——较低的成本。

掺杂氧化铟的氧化锡或铟锡合金的导电薄膜的种类以及特性如表 5-2 所示。

表 5-2　掺杂氧化铟的氧化锡或铟锡合金的导电薄膜的种类以及特性

| 种类 | 薄膜形成方法 | 起始原料 | 基板加热（成膜时） | 成膜后热处理 | 薄膜特性 | | | | 膜厚均匀性 |
					导电性	透光率	热稳定性	图案加工性	
ITO 膜（白膜）	蒸镀法	氧化物	有	无	◎	◎	○	○	△
	溅镀法	合金	无	有	◎	◎	◎	△	○
		氧化物	有	无	◎	◎	○	○	○
	凝胶法	有机金属	有	无	◎	◎	△	○	○
	浸镀法	有机金属	无	有	×	○	△	○	○
IT 膜（黑膜）	溅镀法	合金	无	有	○	◎	◎	◎	○
良好性：◎＞○＞△＞×									

5.2　透明导电薄膜的基本特性

低温成膜掺杂氧化铟的氧化锌（Indium-doped Zinc Oxide，IZO）系透明导电薄膜，由于应新技术市场的需要而开发出来，应用于一般显示器。

掺杂氧化铟的氧化锌（IZO）系透明导电薄膜，是质量百分数为 10% 的氧化锌（ZnO）掺杂于氧化铟（In_2O_3）形成的一种透明导电材料，其结晶形态是完全非晶质的，与氧化铟锡（ITO）结晶质薄膜是不相同的。氧化铟锌膜的表面平滑，粒径在 50Å 以下，其凹凸程度在 50 ～ 60Å，X 射线以及电子线的衍射图，都显示是完全非晶质的。成膜基板温度在 350℃时，其膜性是非晶质的，而且其电阻率是无变化的；倘若于室温成膜的话，即使加热至500℃也不会结晶化，而保有其非晶质膜，这代表它是热稳定性优的材料。

在室温所形成的膜，依序在空气中加热 1h，在 200℃左右，其电阻率的变化是不大的；在 250℃的时候，其电阻率将上升；在 300℃以上的时候，则电阻率是 $10^{-4}\Omega\cdot cm$。在 370℃的真空还原作用之下，其电阻率恢复至 $10^{-4}\Omega\cdot cm$。

在氮气（N_2）或氩气（Ar）中加热，其电阻率均有所变化的，这是起因于氧气缺乏（Oxygen Deficient）的变化，而造成载子密度或载子浓度（Carrier Density or Concentration）的变化。

5.3　透明导电薄膜的制程技术

氧化铟锡（In_2O_3–doped SnO_2，ITO）薄膜是具有优越导电性的透明电极材料，其化学性以及热稳定性是优异的，而且其电极图案加工性是良好的。氧化锡（SnO_2）薄膜的物理强度以及其化学稳定性，是比氧化铟锡薄膜优越的，然而其电导率是较差的，其电极图案的加工性也是较差的。

氧化铟锡薄膜中的氧化铟以及氧化锡，是以一定比例的量合成，并可形成可见光区域的透明绝缘膜，当氧含量不足以及有杂质的时候，晶体内将产生自由电子，而且形成具有导电性的透明薄膜。

一般氧化铟锡薄膜或铟锡合金薄膜的制作方法，有物理式的气相沉积法以及化学式的气相沉积法两种。目前，主要以物理式的溅镀法为主流，而两种不同形态的沉积方法分类如图 5-2 所示。

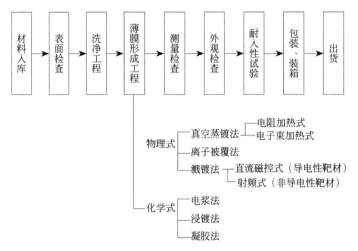

图 5-2　一般铟锡氧化物薄膜或铟锡合金薄膜的制作方法

① 物理式的气相沉积法　可分为电阻加热式真空蒸镀法、电子束加热式真空蒸镀法、离子被覆膜法、直流磁控式溅镀法以及射频式溅镀法五种。

② 化学式的气相沉积法　有电浆法、浸镀法以及凝胶法三种。

这些制作方法之中，真空蒸镀法（Vacuum Evaporation）的特性是设备成本低、电子束的操作温度为 300℃、粒状结晶构造、膜的平滑性差以及应力呈现缓和状态等。

真空溅镀法（Vacuum Sputtering）的特性是设备成本高、可于室温成膜、膜压缩应力大以及呈现区域状结构等。

离子被覆膜法（Ion Plating）的特性是设备成本较低、可低温成膜、粒状结晶构造、膜的平滑性佳以及应力较小等。

在真空溅镀法方面，它是目前最成熟的量产化制程技术，代表性真空溅镀设备的示意图如图 5-3 所示。真空溅镀法的沉积机制，可区分为四个主要的步骤，如下所示：

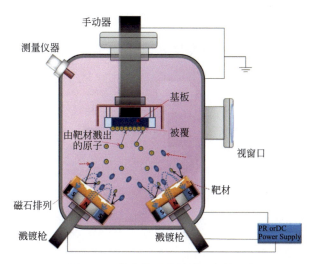

图 5-3　代表性真空溅镀设备的示意图

（1）在电浆内激发产生的部分离子，将脱离电浆朝阴电极方向移动。

（2）加速的离子将撞击在阴电极的表面，进而击发出电极材料的原子。

（3）击发出的电极材料的原子将混入电浆，并传输于另一置有芯片的电极表面。

（4）这些吸附于芯片表面的吸附原子，将进行堆栈与扩散而沉积出薄膜。

一般的具有导电性的靶材，是以直流磁控式溅镀法（DC magnetron Sputtering）为主的，而绝缘性的或高电阻性的靶材，则是以射频磁控式溅镀法（RF magnetron Sputtering）为首要选择的制程。以 N 型半导体氧化铟为主成分，掺杂氧化锡（SnO_2）所形成的氧化铟锡（ITO），其传导电子密度增加为 $10^{20} \sim 10^{21}$ 个 $/cm^3$，电阻率约为 $10^{-4}\Omega \cdot cm$。

事实上，一般的氧化铟锡膜，掺杂有质量百分数为5%～10%的氧化锡，其电阻率易受基板温度的影响。于低温成膜时，其电阻率将呈现上升的状态，而且其氧化铟锡膜的应力约在（1.0～2.0）×10^{10}dyn/cm^2（1dyn/cm^2=10^{-5}N/cm^2）的范围内。

触摸开关（Touch Switching）或触控传感器（Touch Sensor）是触摸屏中一项极为重要的零部件，其质量的优劣将影响触摸屏的性能；其触控传感器稳定性质量的提升，与其关键性材料——氧化铟锡薄膜（ITO Film）的质量有非常重要的关系。

触控传感器（Touch Sensor）是由软质的氧化铟锡膜与硬质的氧化铟锡导电玻璃所组合而成的。在薄膜表面要均匀地蒸着导电材料，以使膜表面均匀以及具有适当的绝缘阻抗值，氧化铟锡薄膜的表面不仅要做硬化处理，而且要做结晶处理，进而获得高质量的薄膜。

触控传感器的稳定性质量，除了取决于氧化铟锡薄膜之外，银膏（Ag Paste）质量的好坏也是非常重要的影响因素，对于氧化铟锡以及玻璃的薄膜要有很强的密着性，而且其阻抗值也是稳定的。

在印刷银线路以及绝缘油墨时，好的银膏以及绝缘胶在印刷于氧化铟锡薄膜表面时，其高的密着性或高的附着力，取决于触控传感器完成后的稳定性质量以及所用材料的质量优劣。它能在高温度以及高湿度的环境之下，促使氧化铟锡薄膜表面具有稳定的绝缘阻抗值，保持在1%～2%的变化范围之内。换言之，触控传感器的氧化铟锡薄膜，必须要达到稳定的低表面阻抗以及优质的密着性。

电阻式触摸屏的制造流程，可分为上部电极基板、下部电极基板以及连接器的制作，如图 5-4 所示。

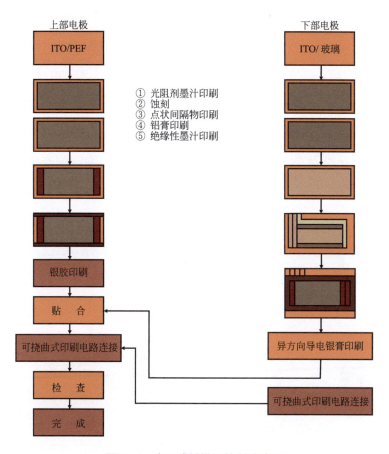

① 光阻剂墨汁印刷
② 蚀刻
③ 点状间隔物印刷
④ 铝膏印刷
⑤ 绝缘性墨汁印刷

图 5-4　电阻式触摸屏的制造流程

（1）上部电极基板（软质有机塑料基板）。在上部电极基板（ITO Film）的制作方面，其程序为清洗聚对苯二甲酸乙二醇酯（简称聚酯）膜（Polyethylene Terephthalate Film, PET Film）基板（膜厚为 175 ～ 185μm）、定好尺寸裁剪、涂光阻剂、蚀刻与剥离、透明导电电极形成（300 ～ 500Ω）、绝缘膜形成（1 ～ 3μm）、黏着剂填充、黏着剂处理以及膜面处理等。

（2）下部电极基板（硬质无机玻璃基板）。在下部电极基板（ITO Glass）的制作方面，其程序则是先行清洗玻璃基板（0.7mm，1.1mm，1.8mm）、涂光阻剂、蚀刻与剥离、透明导电电极形成、绝缘膜形成、球状间隔物形成（球径为 30 ～ 50μm 而间距为 5 ～ 10μm）、定好尺寸裁剪、边缘角处理以及洗净处理等。

（3）连接器的制作。在连接器的制作方面，其程序为材料的准备、定好尺寸裁剪、光阻剂涂布、蚀刻与剥离、绝缘膜形成、膜面处理等。

将上述的三项制程中所得的半成品，进行贴附与组合工程、热封合、功能检查、外观检查、包装，以及出货等一连串的工程。

最后，所得的完成品为电阻式触摸屏，其代表性的模拟型 [图 5-5(a)] 以及数字型的 [图 5-5(b)] 正面概念图见图 5-5。

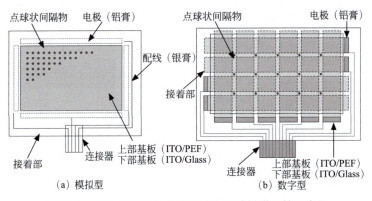

图 5-5　模拟型的以及数字型的电阻式触摸屏的示意图

高效化以及全自动化制程的关键性技术，有点状间隔球（Dot Spacer Ball）成型技术、印刷技术、机能检测技术、贴合技术以及产品搬送技术等。除了前述触摸屏的制作之外，控制器的设计与生产以及驱动程序的编写也是不可缺少的。

就透明导电薄膜而言，由于具有高的透明度以及好的导电性，可广泛地应用于日常生活中的电子以及光电的产品，由此可知，透明导电薄膜是一个非常重要以及关键性的必要部件，新的材料合成、薄膜制程技术以及其薄膜特性的探讨，都将是科学家以及工程师所关注的重要研究题目。

专有名词

01. 氧化铟锡（Indium Tin Oxide，ITO）：将氧化铟以及氧化锡等氧化物粉末，依一定摩尔比例加以混合而成，压制成药锭状，进行烧结热处理，以形成所需的制品或靶材。

02. 铟锡合金（Indium Tin Alloy）：将铟纯金属以及锡纯金属，依一定摩尔比例加以混合而成，放置于真空加热炉之中，熔制成所需的锭状材质。

03. 透明导电薄膜（Transparent & Conductive Thin Film）：将氧化铟锡的靶材置入薄膜成型设备之中，利用物理式溅镀方式，以形成所需的薄膜。

04. 触摸屏：触摸屏系统是一种传感器单元，并可以贴附于阴极显像管表面，或液晶平面显示器面板上。它是一种人机界面的输入装置，利用触摸屏上氧化铟锡导电玻璃以及导电薄膜之间电场所产生的变化，并侦测手指或物体接触面板的位置，然后将信息传送至计算机的操作系统。它具有整合输入以及输出的特性。其输入的方式，有笔式的输入、手指触控式的输入以及笔式的融合手指触控式的输入三种。

05. 物理气相沉积法（Physical Vapor Deposition，PVD）：在真空状态之下，以物理方式形成所需薄膜材料的一种制程技术。

06. 异方向性导电膜（Anisotropic Conductive Film，ACF）：带状自动接合集成电路组件的接着用端子与液晶胞次系统的端子之间予以导通，所使用的一种薄膜，其接着方式一般使用热压着法。

07. 间隔物（Spacer）：在液晶平面显示器制程之中，将两片玻璃或塑料类等基板接合在一起，并填充液晶材料，以使其保持一定间距的树酯类圆球材料。

08. 偏光（Polarized Light or Polarized Radiation）：将入射光线的方向作规则性的限制而形成某一特定方向的光线，如直线偏光、圆偏光以及椭圆偏光。

09. 偏光膜（Polarizer）：仅使特定方向的光通过而进行偏光处理的一种光学薄膜或薄板。

10. 位相差膜（Retardation Film）：可将不同行进波的位相作调节的一种特殊功能性光学薄膜。

11. 玻璃基板（Glass Substrate）：它用于形成彩色滤光片的载片基板，以及形成薄膜晶体管阵列电路的载片基板；液晶显示器所用的玻璃基板是非碱性玻璃，不同于一般日常生活中所用的玻璃。

12. 玻璃（Glass）：它是一种硼硅酸盐类无机化合物。它可分为碱性玻璃、中性玻璃以及非碱性玻璃。

13. 母玻璃（Mother Glass）：它是制作液晶显示器的基板材料。在薄膜晶体管型方面，其基板材料是选用无碱金属玻璃；而在扭曲向列型或超扭曲向列型方面，则是使用碳酸钠石灰玻璃，也就是普通玻璃。

14. 玻璃转移温度（Glass Transition Temperature）：在低温时呈现玻璃状态的固体物质，当它加热升温的时候，将会产生过冷液体状态的转移变化，而此狭窄的温度区域，称为玻璃转移温度。在此温度区域，此物质的电传导性的温度系数、黏性的温度系数、热胀系数以及其他的物理量，将发生剧烈的变化。

📖 习题练习

01. 何为透明导电材料？何为透明导电薄膜？

02. 透明导电材料的种类有哪些？透明导电薄膜制作的技术有哪些？

03. 一般氧化铟锡透明导电膜的质量需求项目有哪些？

04. 关于透明导电性的物理机制，请分别就透明性以及导电性两方面来说明。

05. 请说明透明导电薄膜的应用领域。

06. 请列举出你所知道的新型透明导电材料有哪些。

📖 参考文献

01. 顾鸿寿，等 . 平面面板显示器基本概论 . 新北：高立图书有限公司，2007.

02. H. Tolner, B. Feldman, D. McLean and C. Cording, "*Transparent Conductive Oxides for Display Applications*", Information Display, Vol. 24, No.7 (2008) 28–32. B. DeVisser, "*Conductive-Polymer Developments in Resistive-Touch-Panel Technology*", Information Display, Vol. 22, No.12 (2006) 32–35.

03. D. S. Hecht, D. Thomas, L. B. Hu, C. Ladous, T. Lam, Y. B. Park, G. Irvin and P. Drzaic, "*Carbon Nanotube Film on Plastic as Transparent Electrode for Resistive Touch Screens*", J. of Soc. Inf. Display, Vol. 17 (2009) 941–945.

04. D. S. Hecht, K. A. Sierros, R. S. Lee, C. Ladous, C. M. Niu, D. A. Banerjee and D. R. Cairns, "*Transparent Conductive Carbon-Nanotube Films Directly Coated onto Flexible and Rigid Polycarbonate*", J. of Soc. Inf. Display, Vol. 19 (2011) 157–161.

05. M. Chhowalla, "*Transparent and Conducting SWNT Thin Films for Flexible Electronics*", J. Soc. Inf. Display, Vol. 15 (2007) 1085–1088.

06. B. Mackey, "*Trends and Materials in Touch Sensing*", SID International Symposium Digest of Technical Papers (SID'11), Vol. 42 (2011) 617–620.

07. S. Hayashi, Y. Yamaguchi, H. Mizuhashi, T. Koito, M. Tamaki, M. Kondo, R. Tsuzaki and M. Minegishi, "*Low Temperature Poly-Si TFT LCD with Integrated Contact-Type Touch Sensors*", The 16th International Display Workshops, IDW'9 (2009) 2131–2134.

08. H. Tamura et al., *"High Reliable In-Ga-Zn-Oxide FET Based Electronic Global Shutter Sensors for In-Cell Optical Touch Screens and Image Sensors"* , SID International Symposium Digest of Technical Papers (SID'01), Vol. 42 (2011) 729-732.

09. H. H. Hsieh, T. T. Tsai, C. H. Hu, C. L. Chou, S. F. Hsu, Y. C. Wu, C. S. Chuang, L. H. Chang and Y. S. Lin, *"A Transparent AMOLED with On-Cell Touch Function Driven by IGZO Thin-Film Transistors"*, SID International Symposium Digest of Technical Papers (SID'01) , Vol. 42 (2011) 714-717.

10. C. L. Lin, Y. M. Chang, U. C. Lin, C. S. Li and A. Lin, *"Kalman Filter Smooth Tracking Based on Multi-Touch for Capacitive Panel"* , SID International Symposium Digest of Technical Papers (SID'01) , Vol. 42 (2011) 1845-1848.

11. L. S. Chou, H. L. Chiu, K. T. Lin and Y. H. Tai, *"Active Matrix Touch Sensor Detecting Time-Constant Change Implemented by IGZO TFTs"* , SID International Symposium Digest of Technical Papers (SID'01) , Vol. 42 (2011) 1841-1844.

12. J. Y. Kim, M. H. Kwon, J. T. Kim, J. H. Lee, T. W. Kim and S. J. Kwon, *"Polymer Electrode and Micro-Patterning using PEDOT and Its Organic Display Applications"* , SID International Symposium Digest of Technical Papers (SID'07) , Vol. 38 (2007) 810-813.

13. Y. Shigesato, S. Takaki and T. Haranoh, *"Crystallinity and Electrical Properties of Tin-Doped Indium Oxide Films*

Deposited by DC Magnetron Sputtering", Appl. Surf. Sci., 48/49 (1991) 269–275.

14. H. S. Koo, "*Fundamentals and Applications of Optoelectronic Liquid Crystal Display Technology*", New Wun-Ching Develop. Publ. Co. (Chinese Version)

15. X. Jiang, C. L. Jia and B. Szyszka, "*Manufacture of Specific Structure of Aluminum-doped Zinc Oxide Films by Patterning the Substrate Surface*", Appl. Phys. Lett., Vol. 80 (2002) 3090–3092.

16. Y. Shigesato, Y. Hayashi and T. Haranoh, "*Doping Mechanisms of Tin-Ddoped Indium Oxide Films*", Appl. Phys. Lett., Vol. 61 (1992) 73–75.

17. D. R. Cairns, D. K. Sparacin, D. C. Paine and G. P. Crawford, "*Electrical Studies of Mechanically Deformed Indium Tin Oxide Coated Polymer Substrates*", Technical Digest, Society for Information Display, SID' 00, 31 (2000) 274–276.

18. M. A. Morales-Paliza, R. F. Haglund, Jr. And L. C. Feldman, "*Mechanisms of Oxygen Incorporation in Indium-Tin-Oxide Films Deposited by Laser Ablation at Room Temperature*", Appl. Phys. Lett., Vol. 80 (2002) 3757–3759.

19. I. Hamberg and C. G. Granqvist, "*Evaporated Sn-doped In2O3 Films: Basic Optical Properties and Applications to Energy-Efficient Windows*", J. Appl. Phys., Vol. 60 (1986) R123.

20. H. Takei, Y. Yausi, K. Mizuno, S. Sakio and S. Ishibashi, "*ITO Dry-Etching Mechanism and Its Application in the Fabrication of*

LCDs", J. Soc. Inf. Display, Vol. 9 (2001) 161−164.

21.　M. H. Ahn, E. S. Cho, and S. J. Kwon, "*Effect of the Duty Ratio on the Indium Tin Oxide (ITO) Film Deposited by In−line Pulsed DC Magnetron Sputtering Method for Resistive Touch Panel*", Appl. Surf. Sci., Vol. 258, No. 3 (2011) 1242−1248.

第 6 章　电阻式触摸屏技术

本章节的主要内容是：电阻式触摸屏的种类及其分类、电阻式触摸屏的结构及其特性、电阻式触摸屏的电路设计及其测量三大部分。一般读者可以经由其基本种类、基本结构及其基本测量，来了解电阻式触摸屏技术及其相关的结构与特性。

6.1　电阻式触摸屏的种类及其分类

电阻式触摸屏使用两片玻璃基板，其中一片镀有 ITO 透明导电薄膜层，而另一片则是镀上金属薄膜层或氧化物透明导电薄膜层，两片玻璃面板之间散布间隙物而使其隔开并保持一定间距（Pitch），其基本结构示意图如图 6-1 所示。当玻璃基板受到施加压力的作用，而接触到底层的镀有 ITO 薄膜的玻璃基板，此时上下两层之电极导通而促使电流流通，然后经由"控制器芯片组件"或"控制器集成电路组件（Controller IC）"来计算出触摸位置的坐标。

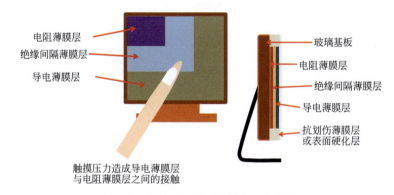

图 6-1　电阻式触摸屏的基本结构示意图

一般而言，当操作者接触屏幕基板时，透明导电薄膜层以及金属薄膜层之间将会相互接触，促使其电场的分布产生某些变化，此时信号将传输至控制器芯片组件进行计算处理。事实上，一般电阻式触摸屏的 X 轴以及 Y 轴，均显示 5.0V 的供应电压且均匀地分布，因而在触摸不同的位置时，将会有不同的电压差产生，此种电压差的模拟信号将转换成数字信号，并辨认与判定其触碰位置的 (X, Y) 坐标，也就相当于 $(3V, 2.5V)$ 的电压坐标。

就电阻式触摸屏的信号特性来分类，触摸屏可分为"模拟型的

（Analog-Type）"以及"数字型的（Digital-Type）"两种。

模拟型的电阻式触摸屏是手指触摸面板之后，其所触摸点的坐标即可决定其位置；数字型的电阻式触摸屏则是手指触摸面板之后，其所触摸点的坐标是由行或栏（Column）以及列（Row）的交叉结果来决定的。

触摸屏是显示面板以及触控面板组合而成的一种感测屏幕。在数字型的电阻式触摸屏方面，其电极配线方式主要有四线式（4-Wire）以及八线式（8-Wire）两种。在模拟型的电阻式触摸屏方面，其电极配线方式主要有五线式（5-Wire）、六线式（6-Wire）、七线式（7-Wire）三种。电阻式触摸屏的种类及其分类如图6-2所示。

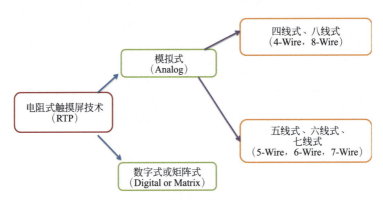

图6-2　电阻式触摸屏的种类及其分类

"模拟型的电阻式触摸屏"是手指触摸后，所触摸点的坐标即可决定其位置。其基本动作原理是检测电压分布值的模拟信号，再经由"数字转模拟（Analog-to-Digital Conversion，ADC）"的转换功能计算出手指所触摸点的坐标位置。模拟型触摸屏的特性是有较高的分辨率、较高的价格、较高的设计成本、弹性而无特殊性要求等。其应用较广而无限定性，而且在屏幕表面的任何区域均可自由地触控而反应。

"数字型的电阻式触摸屏"是手指触摸后，所触摸点的坐标是由行或栏（Column）以及列（Row）的交叉结果来决定。其基本动作原理是检测电压值，进行坐标值的相互比较，再经由控制集成电路（Controller IC）进行运算，计算出手指所触摸点的坐标位置。数字型触摸屏的特性有较低的分辨率、较低的价格、较低的设计成本等。若应用规格、用途及其开关的相对位置确认之后，则作为按键开关功能的输入接口——数字型电阻式触摸屏即可在屏幕表面触控而反应。举例来说，若所设计的矩阵状排列的数字型电阻式触摸屏，其排列是八行八列的形式，则其开关总数为 64 个开关。

电阻式触摸屏的种类，依其电极配线方式可分为四线式（4-Wire）、五线式（5-Wire）、六线式（6-Wire）、七线式（7-Wire）、八线式（8-Wire）五种不同的触摸屏。

在"四线式触摸屏"方面，其上层基板有两条电极配线且左右分布，而下层基板也有两条电极配线且上下分布，因而构成所谓的四条电极配线。四线式触摸屏是最早且最简单的电极配线结构，因而适用于一般手机、小尺寸的面板产品，其应用的范围如移动电话、个人助理机系统、公共信息站等领域。此类型触摸屏的特性是电极配线结构最简单、价格最低、没有专利知识产权的问题，但是此类产品耐划性较低且透光性略低是其主要缺点。由于此类型的接口技术使用简便、耐久性较高、成本及其价格不高，因而其市场的增长仍是稳定的。

在"五线式触摸屏"方面，其上层基板有一条电极配线，而下层基板则有四条电极配线且上下左右分布，因而构成所谓的五条电极配线。它是针对四线式触摸屏不耐划的缺点而进行改良的。此类型触摸屏的应用尺寸是 10.4in（1in=2.54cm）、12.in、15.0in、17.0in 以及 19.0in，通常是应用于"公共信息系统（Point of Sale，POS）"。但是，此类型触摸屏的结构具有专利知识产权的问题。

在"六线式触摸屏"方面，其上层基板有两条电极配线，而下层基板则有四条电极配线且上下左右分布，因而构成所谓的六条电极配线。此类型触摸屏比四线式的具有较佳的耐划性、防电磁干扰以及防噪声等特性。六线式触摸屏的应用较广泛，包括"自动柜员机"或"自动柜员机（Automated Teller Machine，ATM）"、游客导览系统、销售点终端机、公共信息站、工业控制系统等。但是，此类型触摸屏的结构具有专利知识产权的问题。

在"七线式触摸屏"方面，其上层基板有一条电极配线，而下层基板则有六条电极配线，分别是上下左右与两分支，因而构成所谓的七条电极配线。此类型触摸屏具有较佳的耐划性以及较高的准确度。但是，此类型触摸屏的结构具有专利知识产权的问题。

在"八线式触摸屏"方面，其上层基板有四条电极配线，而下层基板也有四条电极配线，因而构成所谓的八条电极配线。八线式触摸屏的设计，除了上、下两层分成 X 轴、Y 轴之外，并在每一轴上多加了一条辅助线路，以协助触摸屏控制器芯片组件可以校正偏差值，因而它可以稳定地维持精确的线性度，特别适合工业应用。此类型触摸屏具有耐湿性及耐温性，并且其分辨率是四线式的两倍。但是，此类型触摸屏的结构具有专利知识产权的问题。

事实上，电阻式触摸屏的技术不断地在变化与创新，因而新的种类及其分类也将在未来有所更新。在此，仅就目前的技术及其商品做简要叙述。

6.2　电阻式触摸屏的结构及其特性

在中小尺寸（Small-Medium Size）屏幕应用上，电阻式触控技术的特点及其优势是较多的，但是在中大尺寸（Medium-Large Size）屏幕应用上，由于面板面积变大而其薄膜的均匀性受到限制，其特点及其优势就相对地减少，故光学式触控、声波式触控、影像式触控等新的触控技术变得更有吸引力。在中大尺寸屏幕应用上，电阻式触控（Resistive Touch）技术的优点是可支持各种面板的设计以及模块的成本最低，其缺点是不支持多点触控功能以及面板的透光度不佳。

电阻式触摸屏的结构是由透明导电氧化物薄膜薄片（TCO Film）以及透明导电氧化物薄膜玻璃（TCO Glass）等两片基板所组成的，两层之间借由"间隔物"或"间隔球（Spacer Dot）"隔开而保持一定间距，然后再于其上层基板覆盖一防划痕硬质层，以保护触摸屏的表面。"透明导电氧化物薄膜（Transparent Conductive Oxide Film，TCO Film）"的材料是以"氧化铟锡（Indium Tin Oxide，ITO）"为主的，而一般是使用直流式或射频式溅镀法将其沉积于"硬质性玻璃（Hard Glass）"或"软质性有机薄片（Flexible Film）"。

通常，电阻式触摸屏在透明导电薄膜薄片（ITO Film）以及透明导电薄膜玻璃（ITO Glass）之间导入 5.0V 的电压时，当手指或触控笔触摸而施压于透明导电薄膜薄片（ITO Film）而形成凹陷，并且与下层的透明导电薄膜玻璃（ITO Glass）相互接触而产生电压或电场的变化，此时再经由 A/D 控制器将模拟信号转换成数字信号，并使计算机进行运算处理，计算出所触碰点的（X，Y）坐标位置。一般电阻式触摸屏的基本结构如图 6-1 所示。

电阻式触摸屏结构

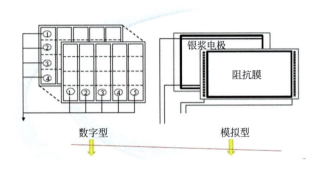

数字型　　　　　　　　　模拟型

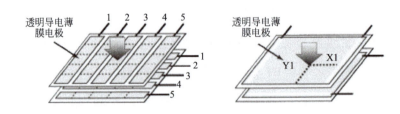

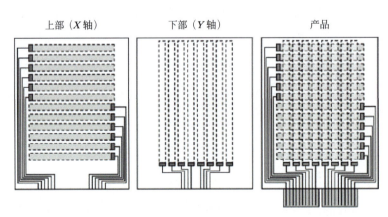

（a）数字型电阻式触摸屏的基本结构

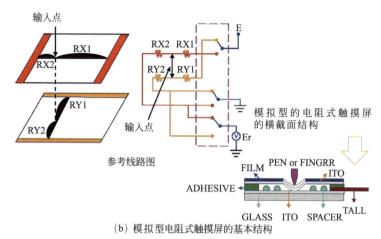

（b）模拟型电阻式触摸屏的基本结构

图 6-3　模拟型的与数字型的电阻式触摸屏的基本结构示意图

　　电阻式触摸屏的特性，不仅因其种类的不同而不同，而且也因其基本结构而有所变化。就模拟型的与数字型的电阻式触摸屏而言，其基本结构如图 6-3 所示。此外，表 6-1 是模拟型与数字型电阻式触摸屏的特性比较，比较的特性有基本动作原理、感应方式、分辨率、价格、设计应用及其成本、应用领域等。

表 6-1　模拟型与数字型电阻式触摸屏的特性比较

项目	模拟型（Analog-type）	数字型（Digital-type）
动作原理	检测电压分布值的模拟信号，再经由数字－模拟转换（A/D）功能，计算出手指所触摸点的坐标位置	利用所检测电压值，进行坐标值的相互比较，再经由控制器集成电路（IC）组件进行运算，计算出手指所触摸点的坐标位置
感应方式	电压差值的检测（使用手指或特殊功能性"触控笔"触摸而进行指令输入）	电压差值的检测（使用手指或特殊功能性"触控笔"触摸而进行指令输入）
分辨率	较高（通常可达 1024×768）	较低
价格	较高	较低
设计应用及其成本	需要整合模拟转数字(Analog to Digital, A/D) 转换电路的设计，成本较高	需要整合控制器集成电路组件（IC）的电路设计，成本较低
应用领域	移动式消费性产品、个人数字助理机、导航道路指引系统	计算器、自动柜员机（ATM）、电子字典、传真机、复印机

就五种不同电极配线的电阻式触摸屏而言，其基本结构以及各部分的组成如图6-4所示。此外，表6-2是依电极配线方式分类的触摸屏的特性比较，比较的内容有上部电极、下部电极、特性。

表6-2　依电极配线方式分类的电阻式触摸屏的特性比较

项目	四线式	五线式	六线式	七线式	八线式
上部电极	X1　X2				X1　X3 X2　X4
下部电极	Y1 Y2	Y1 X1　X2 Y2	Y1 X1 Y2		Y1　Y2 Y3　Y4
特性	（1）为最一般的配线方式，不受专利限制 （2）产品不耐划、寿命较短 （3）价格最低	（1）美商 ELO Touch System 及 3M Touch System 的专利技术 （2）改良四线式不耐划的缺点	（1）国内厂商突破光电专利技术 （2）除耐划外，更增加防电磁波及噪声功能	（1）日商富士通的专利技术 （2）耐划、准确度较高	（1）3M Touch System 的专利 （2）耐湿度及环境温度变化，适合工业用途

来源：全球产研整理，2001/11

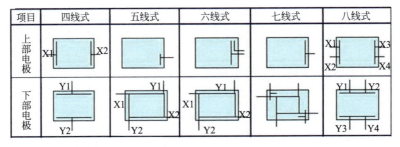

图6-4　依电极配线方式分类的电阻式触摸屏的基本结构示意图

就触摸屏的结构而言，在"内嵌型的触摸屏"方面，电阻式触摸屏可制作成"贴附型的"或"表嵌型的（On-Cell Type）"以及"嵌入型的（In-Cell Type）"两种；换言之，也就是贴附型的电阻式触摸屏以及嵌入型的电阻式触摸屏两种。

在"贴附型的触摸屏"方面，可以有电阻式以及电容式两种。在"嵌入型的触摸屏"方面，可以有电阻式、电容式以及光感应式三种。

电阻式触摸屏的应用领域是相当广泛的，它包括公共信息系统（POS）、掌上计算机、工业控制系统、室内教学白板系统、自动柜员机（ATM）、游客导览系统、销售点终端机、公共信息站等。

同样地，电阻式触摸屏的技术在不断地变化与创新，因而新的结构及其特性也将会于未来有所更新。在此，仅就目前的技术及其商品的结构和特性做简要叙述。

6.3　电阻式触摸屏的电路设计及其测量

电阻式触摸屏电路图案的设计相当简单，它是在"氧化铟锡（Indium Tin Oxide，ITO）"透明导电基材——硬质性玻璃或软质性"聚对苯二甲二乙酯（PET）"上印刷线路，使其呈现 X 轴、Y 轴的位置坐标，并在其上层被覆上透明导电薄膜。电阻式触摸屏的驱动原理，是利用电压降的方式来寻找所触摸位置的坐标轴位置，若 X 轴以及 Y 轴是分别由一对 0~5V 的电压来驱动的，则当触摸屏幕面板时，由于电路被导通而产生电压降效应，此时控制器将会计算电压降所占的比例值，进而精确地计算出其坐标轴位置。换言之，此类型触摸屏因为受到触摸的压力作用，引发出电流大小的变化，进而有效地计算出触摸位置的坐标值。

在此，仅就电阻式触摸屏方面来说明以及讨论在触控屏幕（TS）设计上要考虑的因素项目及其特性要求。对电容式、光学式、超声波式等触摸屏，所设计考虑的因素项目及其特性要求将有所不同，但是其差异性不会很大。

在触摸屏的设计上，其考虑的项目有外观尺寸、触摸动作区域、线路区域、输出线端、底层玻璃、顶层或表层触摸表面、控制器集成电路元件及其驱动程序、其他特性要求等。

在外观尺寸方面，一般触摸屏没有一定的标准与规范，大多视其产品的原有规格或客户的需求而定。当然，所使用的显示器的种类、尺寸及其规格大小，也会影响触摸屏的外观尺寸设计。

在触摸动作区域方面，所使用显示器的种类、尺寸及其规格，将影响触摸屏的触摸动作区域大小的设计（触摸屏图面），特别是显示器可观看的有效区域大小（液晶显示器模块图面），如图 6-5 所示。因此，在触摸屏的设计上，触摸动作区域大小尽量设计成相同于显示器可观看的区域（Viewing Area）大小，或者比显示器可观看的有效区域（Active Area）大 1.0 ～ 3.0 mm 的外框区域。

在线路区域方面，线路区域是银胶所涂布的区域，通常其线路宽度（线宽）大小视触摸屏的种类及其电极配线设计而定。就四线模拟型电阻式触摸屏而言，其线宽在每一边的大小约为 3.0mm，倘若再考虑输出线端的部分，则其大小设计为 5.0mm 左右。

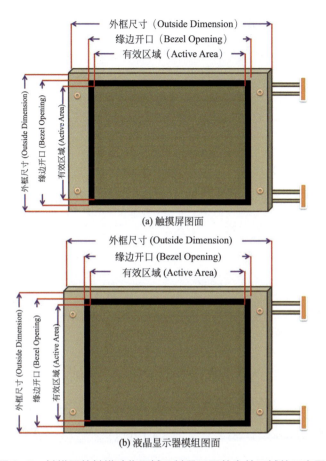

图 6-5　触摸屏的触摸动作区域及其显示器的有效区域的示意图

　　在输出线端方面，输出线端的作用在于将触摸屏的电极配线连接于控制器集成电路组件，通常有三种不同的设计方案，分别是"斑马纸"或"热压纸（Heat Seal Connector，HSC）""软性线路板或软性印制电路板（Flexible Printed Board Connector，FPC）""一体成型（Monocoque or Emboidment）"三种。斑马纸或热压纸（HSC）的优点在于其特性比软性线路板（FPC）要柔软且易折叠，并且具有较低的价位。一般的设计采用热压纸以及软性印制电路板两种，因为其特性是柔软且易折叠、加工性佳、制造弹性佳等。一体成型的方式应用于较特殊的产品。

在软性印制电路板（FPC）方面，它不仅是连接液晶显示器面板（LCD Panel）及其"驱动印制电路板（Driving PCB）"的一种关键性连接器，同时也是连接触控屏幕（Touch Screen）及其驱动印制电路板的一种重要"连接器（Connector）"。目前，市面上常用的软性印制电路板（FPC），其主要的规格是 0.5mm 以及 0.3mm 两种不同的"间距（Pitch）"大小。

在输出线端的设计上，所需考虑的项目分别有输出线的位置、长度、宽度、线间距、线路脚位、端子接头等，这些详细的数据在触摸屏设计时，都需要做正确而详细的说明并将其提供给工程师。

在底层玻璃方面，此部分所讨论的玻璃是镀有氧化铟锡（ITO）的玻璃，其玻璃的厚度分别有 0.7mm、1.0mm、1.8mm、3.0mm 等。触摸屏尺寸设计愈大，则所选用的 ITO 玻璃厚度将愈大愈好，不然就要使用已经化学强化处理的薄型玻璃。

在顶层或表层触摸表面方面，此表面所用的材料有玻璃（Glass）以及聚对苯二甲酸乙二醇酯（PET）两种不同表层基板，目前均朝向软性基材的聚对苯二甲酸乙二醇酯（PET）发展。PET 表层触摸的表面特性要求，将视应用模块的规格需求，分别有亮面以及雾面两种。亮面的 PET 表层因应客户需求而提供，具有极低的雾度以及较高的清晰度；雾面的 PET 表层是目前大多数产品的需求，其最大的特性是没有反光的作用，有利于屏幕的可见度。此外，表面硬化处理也是极为重要的技术，目前触摸屏的表面硬度基本要求是以笔尖硬度测量，大于 3H 为基准值。

在控制器集成电路（IC）组件及其驱动程序方面，所用的 IC 组件及其驱动程序将视所用触摸屏的种类及其基本动作原理而决定。就模拟型电阻式触摸屏而言，控制器将所接收的模拟信号转变成数字信号，以供计算机读取而进行运算处理，因而控制器软件的设计将直接影响触摸屏的操作性及其稳定性。此外，目前的操作系统有 DOS、Win98、Win CE、Win2000、Win XP、Win7、Win8、Win10、iMac、Linux、NT 4.0 等。在触摸屏的设计上，不仅要考虑硬件、软件，而且对于各种不同 I/O（Input/Output）接口以及操作系统都要考虑其兼容性以及稳定性。

在电阻式触摸屏的电路设计方面，静电效应以及电磁干扰效应是极为重要的考虑因素，但因篇幅有限，详细的内容可参考相关的课外读物以及文献数据。

就电阻式触摸屏而言，商业化产品的一些基本规格项目如下：

（1）透光率（Optical Transmittance）为 75% ～ 90%。

（2）雾度（Haze）为 小于 6.0%。

（3）表面硬度（Surface Hardness）为 ≥ 3H。

（4）操作温度（Operating Temperature）为 −10 ～ +60℃。

（5）储存温度（Storage Temperature）为 −20 ～ +70℃。

（6）湿度（Humidity）为 90% ～ 95%(40℃以及 240h)。

（7）触发力度（Actuation Force）为 10 ～ 100g。

（8）绝缘电阻性（Insulating Resistance）为 ≥ 20mΩ（25V，DC）。

（9）介电质耐电压性（Dielectric Withstand）为 250V Rms

（50~60Hz，1.0min），Rms 为均方根值。

（10）平均寿命（Life Time）为 5000000 次。

（11）最大电路分级（Maximum Circuit Rating）为 5V，DC，1.0mA。

（12）触点颤动或接点颤动（Contact Bounce）为 ≤ 30ms。

同样地，电阻式触摸屏的技术不断地在变化与创新，因而新颖而节能环保型的电路设计及其测量方法也将会在未来有所更新。在此，仅就目前的技术及其商品的电路设计及其测量方法做一简要叙述。

本章节已就电阻式触摸屏的种类及其分类、电阻式触摸屏的结构及其特性、电阻式触摸屏的电路设计及其测量等做基本的概述以及说明。在下一个章节将探讨电容式触摸屏基本概念及其相关的内容。

📖 专有名词

01. 电阻式触摸屏：利用两片玻璃基板，其中一片镀有 ITO 透明导电薄膜层，而另一片则是镀上金属薄膜层或氧化物透明导电薄膜层，两片玻璃面板之间散布间隙物而使其隔开并保持一定间距。当玻璃基板受到施加压力的作用，而接触到底层的镀有 ITO 薄膜的玻璃基板，此时上下两层之电极导通而促使电流的流通，然后经由控制器芯片来计算出触摸位置的坐标。

02. 模拟型的电阻式触摸屏：手指触摸后，其所触摸点的坐标即可决定其位置。其基本动作原理是检测电压分布值的模拟信号，再经由数字转模拟的转换功能计算出手指所触摸点的坐标位置。

03. 数字型的电阻式触摸屏：是手指触摸后，所触摸点的坐标是由行或栏以及列的交叉的结果来决定正确的位置。其基本动作原理是检测电压值，进行坐标值的相互比对与比较，再经由控制集成电路组件进行运算，再计算出手指所触摸点的坐标位置。

04. 四线式触摸屏：上层基板有两条电极配线左右分布，而下层基板也有两条电极配线且上下分布，因而构成所谓的四条电极配线。

05. 触摸屏：它是一种人机接口的技术，人类可以借由触摸而产生控制功能的一种接口组件，也是一种感测组件。

06. 五线式触摸屏：上层基板有一条电极配线，而下层基板则有四条电极配线且上下左右分布，因而构成所谓的五条电极配线。

07. 六线式触摸屏：上层基板有两条电极配线，而下层基板则有四条电极配线且上下左右分布，因而构成所谓的六条电极配线。

08. 七线式触摸屏：上层基板有一条电极配线，而下层基板则有六条电极配线，分别是上下左右与两分支，因而构成所谓的七条电极配线。

09. 八线式触摸屏：上层基板有四条电极配线，而下层基板也有四条电极配线，因而构成所谓的八条电极配线。

10. 可观看的区域（Viewing Area）：又称为可视区，也就是可以看到的区域，因而它应该是等同于所谓的有效区域。

11. 有效区域（Active Area）：可以有效显示屏幕中图形、文字、动画等内容的总面积区域。

12. 距（Pitch）：线条与线条之间的距离大小。

13. 软性线路板或软性印制电路板（Flexible Printed Board Connector，FPC）：又称之为软板，有别于硬质基板的印制电路板，软板可以卷绕和缩小，并置入消费性电子产品的有限空间中。

14. 雾度（Haze）：透明材料的透明度因光线散射而降低的程度。雾度可分为穿透以及反射等两种。雾度是将所有穿透于试片而未能进入积分球出口光线的功率除以所有穿透于试片光线的功率的百分率。

📖 习题练习

01. 何为电阻式触摸屏？

02. 请简要地叙述电阻式触摸屏的种类及其分类。

03. 请绘制出你所熟知的电阻式触摸屏的基本结构，并说明各个组成名称及其功能。

04. 请简要地叙述电阻式触摸屏的特性。

05. 请说明电阻式触摸屏的电路设计概念。

06. 请简单地介绍电阻式触摸屏基本测量方法及其项目。

07. 模拟型以及数字型触摸屏的特性有哪些？

参考文献

01. J. W. Stetson, "*Analog Resistive Touch Panels and Sunlight readability*", Information Display, Vol. 22, No.12 (2006) 26–30.

02. B. DeVisser, "*Conductive-Polymer Developments in Resistive-Touch-Panel Technology*", Information Display, Vol. 22, No.12 (2006) 32–35.

03. C. L. Li, J. S. Liao, H. H. Chen, W. T. Tseng and C. R. Lee, "*Low Cost Multi-Touch Embedded System*", Proceedings of The 17th International Display Workshops (IDW' 10), (2010) 507–510.

04. D. S. Hecht, D. Thomas, L. B. Hu, C. Ladous, T. Lam, Y. B. Park, G. Irvin and P. Drzaic, "*Carbon Nanotube Film on Plastic as Transparent Electrode for Resistive Touch Screens*", J. of Soc. Inf. Display, Vol. 17 (2009) 941–945.

05. J. D. Noh, H. Y. Kim, J. M. Kim, J. W. Koh, J. Y. Lee, H. S. Park and S. H. Lee, "*Pixel Structure of the Ultra-FFS TFT-LCD for Strong Pressure-Resistant Characteristic*", SID International Symposium Digest of Technical Papers (SID' 02), Vol. 33 (2002) 224–227.

06. H. Y. Kim, S. M. Seen, Y. H. Jeong, G. H. Kim, T. Y. Eom, S. Y. Kim, Y. J. Lim and S. H. Lee, "*Pressure-Resistant Characteristic of Fringe-Field Switching (FFS) Mode Depending on the Distance Between Pixel Electrodes*", SID International Symposium Digest of Technical Papers (SID' 05), Vol. 36 (2005) 325–328.

07. W. C. Wang, T. Y. Chang, K. C. Su, C. F. Hsu and C. C. Lai, *The Structure and Driving Method of Multi-Touch Resistive Touch Panel*, SID International Symposium Digest of Technical Papers (SID'10), Vol. 41 (2010) 541-543.

08. K. H. Uh, J. H. Lee, J. W. Park and S. J. Park, *Touch Technology on LCD*, The 16th International Display Workshops, IDW'09 (2009) 2151-2154.

09. S. Tomita et al., *An In-Cell Capacitive Touch-Sensor Integrated in an LTPS WSVGA TFT-LCD*, SID International Symposium Digest of Technical Papers (SID'11), Vol. 42 (2011) 629-632.

10. J. Lancaster, B. De Mers, B. Rogers, A. Smart and S. Whitlow, *The Effect of Touch Screen Hand Stability Method on Performance and Subjective Preference in Turbulence*, SID International Symposium Digest of Technical Papers (SID'11), Vol. 42 (2011) 841-845.

11. S. Takahashi, D. H. Cho, H. S. Moon and N. D. Kim, *In-Cell Embedded Touch Screen Technology for Large Size LCD Applications*, SID International Symposium Digest of Technical Papers (SID'10), Vol. 41 (2010) 544-548.

12. J. Winkler, N. Reinfried and W. Knabl, *High Corrosion Resistance Mo Alloy for TFT-LCD and Touch Screen Panel Metallization*, SID International Symposium Digest of Technical Papers (SID'09), Vol. 40 (2009) 842-846.

13. B. H. You, B. J. Lee, J. H. Lee, J. H. Koh, D. K. Kim, S. Takehashi,

N. D. Kim, B. H. Berkeley and S. S. Kim, *"LCD Embedded Hybrid Touch Screen Panel Based on a−Si: H TFT"* , SID International Symposium Digest of Technical Papers (SID' 09) , Vol. 40 (2009) 439−443.

14. R. Wang, M. S. Wang, J. Thomas, L. Wang and V. Chang, *"Development of High Performance Low Reflection Rugged Resistive Touch Screens for Military Displays"* , Proc. of SPIE, Vol. 7690 (2010) 769017−1 ∼ 769017−11.

15. L. C. Jhuo, C. W. Wu and C. C. Hu, *"A Resistive Multi−Touch Screen Integrated into LCD"* , SID International Symposium Digest of Technical Papers (SID' 09) , Vol. 40 (2009) 1187−1189.

16. B. H. You, B. J. Lee, K. C. Lee, S. Y. Han, J. H. Koh, J. H. Lee, S. Takahashi, B. H. Berkeley, N. D. Kim and S. S. Kim, *"12.1−inch a−Si:H TFT LCD with Embedded Touch Screen Panel"* , SID International Symposium Digest of Technical Papers (SID' 08) , Vol. 39 (2008) 830−833.

17. S. H. Kim, S. M. Kim, Y. J. Chang, S. H. Jin, S. H. Moon, J. B. Choi, C. W. Kim and H. Y. Yun, *"Thin and Light Integrated TSP with Enhanced Display Qualities"* , SID International Symposium Digest of Technical Papers (SID' 08) , Vol. 39 (2008) 1293−1296.

18. J. H. Lee, J. W. Park, D. J. Jung, S. J. Pak, M. S. Cho, K. H. Uh and H. G. Kim, *"Hybrid Touch Screen Panel Integrated in TFT−LCD"* , SID International Symposium Digest of Technical Papers (SID' 07) ,

Vol. 38 (2007) 1101–1104.

19. J. Elwell, *"Sensing Touch by Sensing Force"*, SID International Symposium Digest of Technical Papers (SID' 07), Vol. 38 (2007) 312–315.

20. M. K. Kang, K. H. Uh and H. G. Kim, *"Advanced Technologies Based on a–Si or LTPS (Low Temperature Poly Si) TFT (Thin Film Transistor) for High Performance Mobile Display"*, SID International Symposium Digest of Technical Papers (SID' 07), Vol. 38 (2007) 1262–1265.

第 **7** 章　电容式触摸屏技术

本章节的主要内容是：电容式触摸屏的种类及其分类、电容式触摸屏的结构及其特性、电容式触摸屏的电路设计及其测量三大部分。一般读者可以经由其基本种类、基本结构及其基本测量，来了解电容式触摸屏技术及其相关的结构与特性。

7.1 电容式触摸屏的种类及其分类

电容式触摸屏的原理是：具有透明导电薄膜的上层玻璃表面，其四个角落处在外加电压的作用下形成均匀电场分布；由于人体是良好的导体，因而在触摸触摸屏的硬化玻璃时其表面产生电容耦合效应（Capacitive Coupling Effect），以至于另一层透明导电薄膜玻璃的部分电流有些微的变化，进而导致电压降现象的产生；此时的控制集成电路即可快速地计算此电压降的坐标方位，进而判断所接触点的正确位置。

关于电容式触摸屏技术的种类，可分为"投射电容式触控技术（Projected Capacitive）"以及"表面电容式触控技术（Surface Capacitive）"两大部分。此外，电容式触摸屏技术的种类又可分为"自身电容式（型）触控（Self Capacitive）"以及"相互电容式（型）触控（Mutual Capacitive）"两大部分，自身电容式触控技术简称为自容式触控，而相互电容式触控技术则简称为互容式触控。图 7-1 所示的为电容式触摸屏技术的分类。

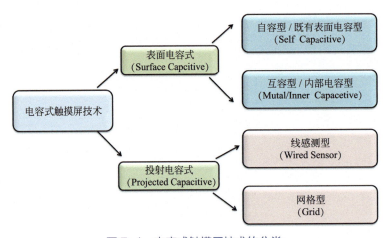

图 7-1 电容式触摸屏技术的分类

7.1.1　投射电容式触控技术

投射电容式触摸屏的基本原理及其动作机制如图 7-2 所示。从基本的结构图可以看出，其纵向与横向的电极的分布宛如一矩阵式的排列；其电极的排列方式同四线电阻式触摸屏。投射电容式触摸屏的基本动作机制是视电极之间的静电容值变化而进行动作，不同于电阻式触摸屏的触控区域的电阻值变化来动作。

投射式电容式触摸屏的特性，在于透明导电薄膜层是以蚀刻的方式来形成的矩阵状排列的电极，良好导体的人身或手指在接触时，其玻璃表面会形成电容之外，同样地也会在 X 轴、Y 轴的交汇处产生静电容值的变化。由于此类型触控技术具有高的耐用性，不需要直接接触或触摸即可以产生感应的动作，而且其漂移（Drift）现象也较表面电容式触控技术要小。

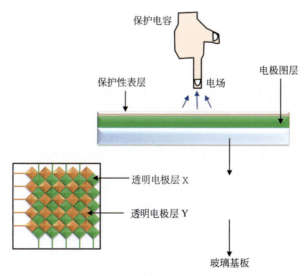

图 7-2　投射电容式触摸屏的基本原理及其动作机制

投射电容式触摸屏，是在玻璃基板上镀一层透明导电薄膜层，然后在其表面制作一电极薄膜层，最后于其表面层覆盖上一层保护薄膜，即是电容式触摸屏的制作流程。投射电容式触摸屏的结构，仅仅在单片玻璃表面制作透明导电薄膜以及电极层，因而其透光率较高。电阻式触摸屏由于需要叠合上层基板以及下层基板的 ITO 透明导电薄膜，因而影响触摸屏的透光性，故电阻式触摸屏的透光率低于电容式触摸屏。

此外，投射电容式触摸屏的优点有高的透光率、不受灰尘（油脂）及潮湿的影响、快的反应速度、优质的外观性、多点触控功能等，且都优于传统的电阻式触摸屏，已被视为目前电容式触摸屏的主流技术。然而，其挑战性的问题仍存在，包含有透明导电薄膜层的生产难度较大，而生产良品率也较为不佳，集成电路控制模块的算法也较为复杂，需使用手指触摸而不能使用非导电或绝缘性的物体，原创性的专利知识产权也不少，因而其整体的生产成本仍然是高于电阻式触摸屏的。随着科学技术的发展以及更多研究人员的参与，未来势必会有所改进。

投射电容式触摸屏技术，是利用多个蚀刻的铟锡氧化物电极，增加其组数而存在于不同的平面，同时形成相互垂直的透明导电配线（导线），以构成类似于 X 轴以及 Y 轴的驱动线。这些透明导电配线（导线）是经由电容感测芯片来运算以及控制的。倘若电流经由驱动线驱动于其中的导线，并与检测到电容值变化的导线相连通，则其感测控制芯片将依序地扫描检测电容值变化的数据，使其传输于主控制器从而确认所触摸正确位置的坐标值。

投射电容式触控技术也可分为两种不同方式，分别是"自身电容型（Self Capacitance）"以及"相互电容型（Mutual Capacitance)"。自身电容型的触控技术即自容型的（Self Capacitance）触控，而相互电容型的触控技术即互容型的（Mutual Capacitance）触控。自容型的触控原理在于检测一个传感器对电路接地端的电容值大小，其触摸导体信号来源是直接电容耦合；而互容型的触控原理则是在于检测两个感测器之间的电容值大小，其触摸导体信号来源是边缘电场。

耦合效应、电容耦合、直接耦合效应、电场耦合、静电耦合等物理现象是电容式触控技术中常见的，在此，简单地说明如下。信号由第一级传输至第二级的过程中，信号经由导线、空间以及公共导线等相互作用，对系统产生信号或干扰性的噪声，此现象称为耦合效应（Coupling Effect）。就电容的电性而言，这就是所谓的电容耦合。电容耦合有时又称为电场耦合或静电耦合。一般的电容耦合是指在交流的情况下呈现一种短路效应，但是在直流的情况下呈现一种开路效应。直接耦合效应是指干扰性信号直接通过导线侵入系统，并对系统造成干扰作用的效应；直接耦合效应是一般系统中普遍存在的耦合效应。

自容型的投射电容式触摸屏，其优点是可单点触控、可结合手势，但是它目前不具有多点触控的功能。互容型的投射电容式触摸屏，其优点是可单点触控、可结合手势、可多点触控、较精确的检测性、较好的信号与噪声比值（S/N Ratio）等。现阶段的电容式触摸屏技术，自容型的电容式触控技术不具有支持多点触控的功能，仅能进行单点触控，未来或许有新的技术被开发而使自容型的电容式触控技术也能具有多点触控的功能；互容型的电容式触控技术具有支持多点触控的功能。

自容型的（Self Capacitance，Self-Cap）投射电容式触控技术，是感测一整条 X 轴线或 Y 轴线的电容值变化，而非单一的感测点（Sensor Dot），如图 7-3 所示。

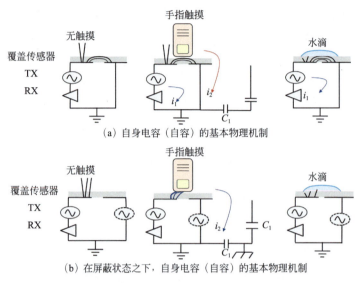

（a）自身电容（自容）的基本物理机制

（b）在屏蔽状态之下，自身电容（自容）的基本物理机制

图 7-3　自容型的投射电容式触摸屏的基本原理及其动作机制

自容型投射电容式触控技术的基本原理：由于原本存在整条轴线所串联而成的电容值 C_s，当手指触摸面板造成电容产生时，它等同于提供另一个并联的电容值，因而手指触摸后整体 C_s 的电容值将会有所增加。

详细地说，当两根手指头触摸面板时，则触控集成电路（Touch Integrated Circuit，Touch IC）芯片的内部将有四个感测通道来检测并感应出电容值变化的信号，分别为 x_1、x_2、y_1、y_2。如果实际触摸的区域是 (x_1, y_1)、(x_2, y_2) 的两个红色点（虚线），此两点又与触碰 (x_1, y_2)、(x_2, y_1) 的两个蓝色点（实线）相比较，同样是 x_1、x_2、y_1、y_2 四条轴线感测通道来检测感应电容值变化的信号反应，此时，触控 IC 是无法准确地判断出哪两个坐标点是实际所触摸的坐标点，因而会有所谓的"鬼点（Ghost Points）"或"虚点（Virtual Point）"现象产生。

在触摸触摸屏过程之中，因为所触摸的点区域产生实际动作，但是系统又因感应而误判其他的点区域，进而做出同样的动作，因此造成误判的此点区域就形成所谓的"鬼点"效应。在触摸触摸屏的模块过程中，关键零部件的"触控 IC"的功能是极为重要的，它必须精确地运算而做出准确的判别，进而执行实际以及准确的动作。

互容型的（Mutual Capacitance）投射电容式触控技术是感测单一 X 轴、Y 轴交错点的电容值变化，而非一整条的感测线（Sensor Line），如图 7-4 所示。

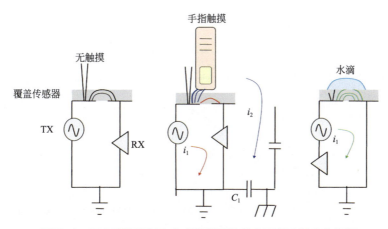

图 7-4　互容型的投射电容式触摸屏的基本原理及其动作机制

互容型投射电容式触控技术的基本原理是：由于原本存在的单一 X 轴、Y 轴交错点的电容值 C_s，当手指触摸面板而造成电容值产生变化时，等同于提供另一个串联的电容值，因而手指触摸后整体

C_s 的电容值反而是减小的。互容型投射电容式触摸屏所采用的是类似于薄膜晶体管液晶显示器（TFT-LCD）的主动式扫描方法，在扫描某一条 Y 轴线时，同时检测所有 X 轴线上所感应的电容值变化，依序扫描之后，即可得到每一个 X 轴、Y 轴交错点所感应电容值的变化。此扫描方式可避免自容型触摸屏在感测过程之中，共用 X 轴、Y 轴的感测通道而衍生出所谓的"鬼点"现象，因而可以实现所谓"多点式触控（Multi-Touch）"的功能。

7.1.2　表面电容式触控技术

表面电容式触摸屏的基本原理及其动作机制如图 7-5 所示。

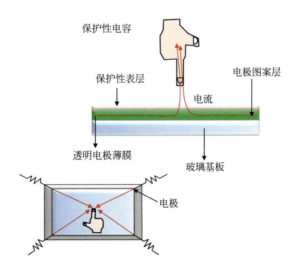

图 7-5　表面电容式触摸屏的基本原理及其动作机制

表面电容式触摸屏的基本原理，是利用一定规则排列的透明电极与人体手指之间因为静电荷的结合作用而产生电容值变化，经由所产生的感应电流来检测手指正确位置的坐标值。感应的基本原理是以电压作用于屏幕面板的四个角落，以形成一固定值的电场，当人体的手指触摸屏幕面板时，则可促使电场感应出电流，然后经由控制器来测定，依据电流距四个角落的比例，可以计算出触摸的正确位置。

在表面电容式触控技术及其系统方面，主要的特点有低耗电、低操作电流（25 ~ 30 mA）、全玻璃模块结构、耐高低温环境（−20 ~ 65℃）、透光度可达 92.0%、表面硬度可达 7.0 莫式硬度值、可搭配 USB 传输接口、可作防水设计处理、耐撞击测试（美国国家标准 UL60950−1）等。

表面电容式触摸屏系统，可搭载的显示面板尺寸一般是5.7~12.1in，显示屏幕的比例由 4∶3 至宽屏幕均可以使用。其应用的领域有一般收款机台、餐厅桌面点餐系统、小型或广告用途的交互式屏幕、安全设备系统、数字家庭影音产品、数字影像电话、超市卖场的货品及其价格查询机台、健身房器材屏幕显示接口、药品功能及其配药自动化触控接口等。

就触控点（Touch Point）的方式而言，表面电容式触摸屏的操作模式有单点触控（Single Touch）以及多点触控（Multi-Touch）两种。在投射电容式触摸屏方面，其操作模式有单点触控（Single Touch）、双点触控（Dual Touch）以及多点触控（All-Point Touch）三种，而多点式触控又可分为真实性多点触控以及虚拟性多点触控，虚拟性多点触控即是所谓的手势触控（Gesture Touch）。

就触控的方式及其手势辨识模式而言，一般触摸屏的操作模式有单击式（Single Trap）、双击式（Dual Trap）、拖拽式（Drag）、拖放式（Drop）、平移式（Pan）、旋转式（Rotate）、反转式（Flip）、滚动式（Scroll）、放大式（Zoom）等。

事实上，电容式触摸屏的技术在不断地变化与创新，因而新的种类及其分类也将在未来有所更新。在此，仅就目前的技术及其产品做简要叙述。

7.2　电容式触摸屏的结构及其特性

在中小尺寸（Small-Medium Size）屏幕应用上，投射电容式触控技术的特点及其优势是较多的，但是在中大尺寸屏幕应用上，由于面板面积变大使其薄膜的均匀性受到限制原因，其特点及其优势就相对地减少，故光学式触控、声波式触控、影像式触控等新的触控技术变得更有吸引力。在中大尺寸（Medium-Large Size）屏幕应用上，投射电容式触控（Projected Capacitive Touch）技术的优点是可支持各种面板的设计、可支持多点触控功能以及面板模块的轻薄度较佳，其缺点是大面积面板的制程良率会降低以及 ITO 透明导电薄膜材料成本较高。

就投射电容式触控技术而言，其基本的原理是人体本身具有导电性，投射电容式触控技术利用人体内的电流特性，通过检测触摸屏的电容值变化来进行触控位置的判定。在电容式触摸屏的结构方面，各种不同类型的基本结构，已说明于上一节的电容式触摸屏的种类及其分类之中，科技的进步与发展会产生新型的组件结构。

除了上一节所叙述的电容式触摸屏的结构之外，从感应器所承载基板材料来看另一类电容式触摸屏的结构，则有玻璃-薄膜-薄膜（Glass-Film/ITO- Film/ITO，GFF）、玻璃-玻璃（Glass/ITO-Glass/ITO，GG）、G1F（Glass/ITO-Film）、GF1（Glass-

Film/ITO）、G2（ITO/Glass/ITO）,G1（Glass/ITO）、表嵌式（On-Cell Type）与内嵌式（In-Cell Type）等。

　　电容式触摸屏的结构可分为传感器玻璃（Glass Sensor）以及传感器薄片（Film Sensor）两种，而且又可分为两片玻璃（GG）以及玻璃加两片薄膜（GFF）两种。GFF 是在两片 PET 胶卷的单面区域镀上 ITO 电极薄膜，而 GF2 是在 PET 胶卷的两面区域镀上 ITO 电极薄膜，GF2 的"2"是指两面（Both Side）。GF1 的"1"是指 GF 的单面（One Side）。

　　两片玻璃（GG）是一片保护玻璃加上一片含 ITO 薄膜传感器玻璃所构成的；玻璃加两片薄膜（GFF）是由一片保护玻璃加上两片含 ITO 薄膜传感器薄片所构成的。就铟锡氧化物薄膜层数而言，两片玻璃（GG）的制作方法可分为双面铟锡氧化物薄膜（Double-sided ITO，DITO）以及单面铟锡氧化物薄膜（Single-sided ITO，SITO）两种。电容式触摸屏结构的另一种分类方式如图 7-6 所示。

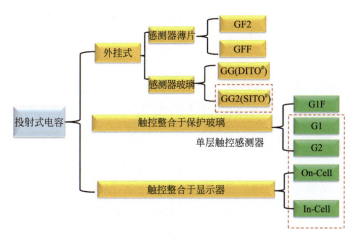

图 7-6　电容式触摸屏结构的另一种分类方式

触摸屏的解决方案（Touch Solution）方法，可分为玻璃式的解决方案（Glass Solution）、薄片式的解决方案（Film Solution）、混合式的解决方案（Hybrid Solution）三种。在玻璃式的解决方案方面，其主要的种类有GG、G1、G2等，以玻璃为主要基板材料，而另一G指保护玻璃（Cover Glass）；薄片式的解决方案，其主要的种类有GFF、GF1、GF2等，以有机胶卷的聚对苯二甲酸乙二醇酯（Polyethylene Terephthalate，PET）为主要基板材料，而其中的G意指保护玻璃（Cover Glass）；混合式的解决方案，其主要的种类仅有G1F，以有机胶卷的PET为主要基板材料。

表7-1所示的是玻璃式解决方案以及薄片式解决方案的特性比较，表中针对基板类型、制程、厚度、透光度、良品率、代表公、主要采用品牌厂进行了说明。

表7-1　玻璃式解决方案以及薄片式解决方案的特性比较表

投射电容式触摸屏结构分类	薄膜式	玻璃式
基板类型	PET薄膜	玻璃
制程	网版印刷	黄光制程
厚度	薄	厚
透光度	较差	较佳
良品率	80%	60%～70%
代表公司	接口、洋华	宸鸿、达鸿、和鑫、奇美电、胜华美
主要采用品牌厂	其他手机业者	Apple

触摸屏是由上部传感器基板以及下部传感器基板相互堆栈而成的，而上部（顶部）传感器基板材料与下部（底部）传感器基板材料之间是借由贴合材料将其组合的，中间的贴合材料是一种光学贴合胶有机

材料（Optical Clear Adhesive，OCA），此 OCA 贴合制程（Laminating Process）的良品率高低将决定触摸屏的良品率高低及其获利的多少。此外，光学贴合树脂（Optical Clear Resin，OCR）也是一种中间的贴合材料。

一般 OCA 贴合制程的良品率高低，受其光学贴合胶物理特性、传感器基板材料特性、贴合机器的性能等因素影响。一般 OCA 贴合制程的种类，可分为软质 - 软质（Soft to Soft）、软质 - 硬质（Soft to Hard）、硬质 - 硬质 - 第一类（Hard to Hard-1）、硬质 - 硬质 - 第二类（Hard to Hard-2）等四种，而处理时间（Tact）以及对准（Alignment）是 OCA 贴合制程极为重要的制程参数。

此外，在 OCA 贴合制程中，仍有其他因素影响着良品率的高低，这些因素有贴合胶材料成分的种类、贴合胶材料的物理特性、OCA 薄膜的结构及其异形模、OCA 特性及其选择因素、光学贴合树脂（OCR）的分类与特性、OCA 的精度与其他特性间的相关关系、贴合部位特性要求等。

在生产制程的设计上，尤其是贴合制程良品率提升是相当不容易的。此外，触摸屏所用玻璃片太薄，在传送过程中很容易产生破片的情形。就玻璃对玻璃（Glass/Glass，G/G）而言，在中大尺寸的贴合上，极为容易产生破片的现象，进而影响贴合制程的产品良品率。玻璃对薄片（Glass-to-Film，G/F）的贴合性方面，因玻璃以及薄片之间的膨胀特性不同，长时间使用之后易发生变形。此外，其平坦性也不太容易控制，因而其总体的耐用性并不是很理想。

投射电容式触摸屏技术与表面电容式触摸屏技术之间的特性比

较如表 7-2 所示。投射电容式的是可以进行多点触控操作，而表面电容式的则没有多点触控操作。当然，未来技术的发展是有可能改善的。在价格上，投射电容式的价格是电阻式的两倍，而表面电容式的价格则是电阻式的四倍；在面板尺寸的最佳化方面，投射电容式的最佳化（最适化）尺寸大小是 10in 以下，而表面电容式的则是无限制的。在多人辨识度方面，投射电容式的是可以多人辨识的，而表面电容式则是没有多人辨识的功能。此外，在触摸物体方面，两种技术均使用手或导电体等，而重量都较轻，反应速度都较快，防水防尘性都较好，而其耐久性则都是大于 1000 万次。

表 7-2　投射电容式触摸屏技术与表面电容式触摸屏技术之间的特性比较

厂商	投射电容式触摸屏	表面电容式触摸屏
优点	①单指或双指操作感应性高 ②表面玻璃结构耐刮伤 ③透光性高 ④不需定位且无定位不准的问题 ⑤抗 EMI 性的防护性设计 ⑥环境测试可承受较高的温度与湿度测试 ⑦单点输入、双点输入、多点输入	①高透明性而有 95%～99% 的光穿透率 ②强化玻璃具有高的刮损硬度（7H） ③高的敏感性 ④抗水以及抗粉尘性 ⑤单点输入（Single Touch） ⑥多点输入（Multi-user） ⑦不会有刮、磨使触控灵敏度下降的问题
缺点	①低的噪声免疫性 ②较高的成本 ③需要某一大小的导电点 ④特定大小水滴使误辨性高	①无法实现多点触控功能 ②信号干扰（如手影效应） ③ EMI 问题限制朝大尺寸面板的应用

同样地，电容式触摸屏的技术在不断地变化与创新，因而新的结构及其特性也将在未来有所更新。在此，仅就目前的技术及其商品的结构及其特性做一简要叙述。

7.3　电容式触摸屏的电路设计及其测量

从组件电路的结构上来看，电容式触摸屏是先在玻璃基板镀上一层导电用的铟锡氧化物（Indium Tin Oxide，ITO）薄膜，而铟锡氧化物薄膜的表面层再镀上一层二氧化硅（SiO_2）作为防刮伤性的保护层（Protection Layer）或硬化薄膜层（Hard Coating，HC），其最底层部分的铟锡氧化物薄膜则是用于防止外来噪声的干扰。

电容式触摸屏是先在四个角落产生均匀的电场，当人体触摸面板时，将会因静电荷的关系而产生衍生性的电流，其次根据此电流至四个不同角落的长度比例不同计算出触摸的正确位置，如图 7-7所示。

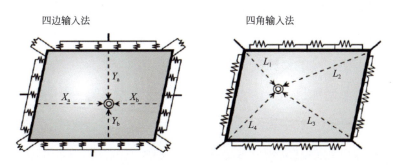

图 7-7　四个角落输入法来计算出 (X, Y) 坐标值

X 轴坐标的计算法：$(L_1 + L_4 - L_2 - L_3)/(L_1 + L_2 + L_3 + L_4)$

Y 轴坐标的计算法：$(L_3 + L_4 - L_1 - L_2)/(L_1 + L_2 + L_3 + L_4)$

L_1 为触摸点与第一角落之间的距离，L_2 为触摸点与第二角落之间的距离，L_3 为触摸点与第三角落之间的距离，L_4 为触摸点与第四角落之间的距离。

基本上，电容式触摸屏的发展是为了改善电阻式不耐刮的特性，在其结构上的最外层是二氧化硅（SiO_2）硬化薄膜层（Hard Coating，HC），其硬度可达 7H。第二层是铟锡氧化物（ITO）薄膜，在玻璃表面形成一均匀的电场，运用人体触摸感应出极微弱的电流方式来实现触摸控制的功能。最底层的铟锡氧化物薄膜则是作为遮蔽功能之用，以保持触摸屏可在良好而无干扰的环境下运作。

与电阻式触摸屏技术相比较的话，电容式触摸屏技术是一个完全不同形式的技术，其基本的架构是相当简单的。基本上，它是以铟锡氧化物（ITO）玻璃为主要的基板材料，玻璃基板表面的电容将在其四个角落产生放电，而其电容均匀地分布于触摸屏的四个角落附近，以使表面形成均匀的电场分布。若导电的物体触摸触摸屏的表面，此触摸将导通使微量的电流流出，以引发电容值的变化，然后触控 IC 将运算出电流流出量的比例，进而计算出 X 轴以及 Y 轴的坐标值。

在电路配线的设计上，中大尺寸的面板将使其电阻值（Resistance，R）增加，引发出耗损电能以及发热的问题，进而影响控制芯片中所设定的 RC 起始值（RC Threshold Value）。在电子电路中，电子元件或电路之间存有原本的内在电容（Internal Capacitive），但是因为信号相互传输干扰而产生未预期的额外电容值，以致造成其偏离理想值，它所衍生的额外电容值称之为衍生电容（Parasitic Capacitance）。寄生电容或衍生电容（Parasitic or Self- or Stray Capacitance）会随着中大尺寸面板的面积增加而相对地增加，造成背景噪声的明显增加，进而影响触摸屏的敏感度。解决衍生电容的方法是将 ITO 薄膜的厚度增加，有效地降低其表面电阻，但是菱形、条纹形、方块形等结构的图案，在蚀刻之后明显地呈现出来，一般肉眼均可见到，使得触摸屏的质感及其外观都会受到相当程度的影响。

投射式电容触摸屏，当触摸屏未受到触摸时，面板中本身已存有一些电容，当手指触摸到触摸屏时，人体会改变触摸屏表层的电容值，此时触控 IC 将会检测到电容值的变化，判断触摸点的相对位置，并将信号传送至计算机进行处理。在投射式电容触摸屏的模块结构之中，包含有感应器、控制 IC（触控 IC）与软件等。感应器（Sensor）是触摸屏的核心，负责检测与接收输入信号；控制 IC（Control Integrated Circuit）负责运算感应器所接收到的模拟信号；软件（Software）掌管控制 IC 检测与辨识感应器所传递出来的信号，并作为数据转换与传输。

投射式电容触控技术也可以运用到手持式电子产品的触摸屏上。模拟信号转换成数字信号后，通过标准化 I^{2}C（IC 对 IC 的一种通信协议）总线的通信串行式接口或 PS/2（Personal System 2）通信连接端口（Port），驱动程序会接收到该信号数据，再由应用程序进行判断并做出响应。因此，投射电容式触摸屏可经由多种手势的应用发展出许许多多的互动呈现。

除了硬件的架构之外，就电容式触控技术而言，软件的架构（操作系统）及其固件也是电路设计及其测试必须考虑的因素。以下所述的是美国微软公司在触控认证上所需测试的项目。

在软件操作系统上，各家均有不同的规范及其规格。微软（Microsoft）操作系统 Window 7 对触控认证所需量测的项目有：

（1）取样率（Sampling Rate）。

（2）按压及其保持的单点式点击触控（Single-Touch Press and Hold）。

（3）四个角落的单点式点击触控（Single-Touch Trap at 4 Corner）。

（4）任选五点的单点式点击触控（Single-Touch Trap at 5 Other Locations）。

（5）双点式点击触控（Dual Trap）。

（6）按压及其点击（Press and Trap）。

（7）多点式点击触控（Multi-Touch Points）。

（8）手绘直线准确性（Straight-Line Accuracy）。

（9）最大触控线数（Maximum Touch Lines）。

（10）多点手绘直线（Multi-Touch Straight Lines）。

（11）手绘直线准确性速度（Line Accuracy Velocity）。

（12）单点手绘弧（Single-Touch Arcs）。

（13）多点手绘弧（Multi-Touch Arcs）。

（14）鬼点测试（Ghost Point Test）。

（15）旋转（Pivot）。

电容式触摸屏，特别是投射电容式触摸屏，适合于中小尺寸的面板（Medium-Small Panel）制程；然而，在中大尺寸的面板（Medium-Large Panel）制程方面，仍存有某些程度的技术挑战，但相信未来会有突破性的发展。

通常，小尺寸的触摸屏的尺寸大小是 1.8~5.0in，其主要的应用产品有智能手机、个人数字助理机、MP4 随身听、可携带式游戏机等；中小尺寸的触摸屏的尺寸大小是 5.0~10.4in，其主要的应用产品有笔记本电脑、平板电脑、车用导航系统、办公室打印机指示幕等；中大尺寸的触摸屏的尺寸大小是 12.0~21.0in，其主要的应用产品有工业用计算机、一体计算机、自动柜员机、广告牌、盘点系统、学习仿真机等；大尺寸的触摸屏一般是商业化应用的产品，其尺寸大小在 23.0in 以上。

同样地，电容式触摸屏的技术在不断地变化与创新，因而新型环保节能型的电路设计及其测量方法也将在未来有所更新。在此，仅就目前的技术及其商品的电路设计及其测量方法做一概要性叙述。

本章节已就电容式触摸屏的种类及其分类、电容式触摸屏的结构及其特性、电容式触摸屏的电路设计及其测量等三大部分做了基本的概述以及说明。在下一个章节将继续探讨电容式触摸屏基本概念及其相关的内容。

📖 专有名词

01. 电容式触摸屏：它是一种具有透明导电薄膜的上层玻璃表面，其四个角落处在外加电压的作用下形成一均匀电场分布；由于人体是电的良好导体，因而在触摸触摸屏的硬化玻璃时其表面产生电容耦合效应，以致另一层透明导电薄膜玻璃的部分电流有些微的变化，进而导致电压降现象的产生；此时的控制集成电路组件即可快速地计算此电压降的坐标方位，进而判断所接触点的正确位置。

02. 投射电容式触摸屏：其基本的结构是纵向与横向的电极的分布宛如一矩阵式的排列；其电极的排列方式是相同于四线电阻

式触摸屏的结构。投射电容式触摸屏的基本动作机制是：视电极间的静电容值变化而进行动作，不同于电阻式触摸屏的触控区域的电阻值变化来动作。

03. 自容型投射电容式触控（Self-Cap Projected Capacitive Touch）：其基本的原理是由于原本所存在整条轴线所串联而成的电容值 C_s，当手指触碰面板造成电容产生时，它等同于提供另一个并联的电容值，因而手指触碰后整体 C_s 的电容值将会有所增加。自容型的触控原理是在于检测一个传感器对电路接地端的电容值大小，其触摸导体信号来源是直接电容耦合。它是感测一整条 X 轴线或 Y 轴线的电容值变化。自容型投射电容式触控技术是针对一整条的感测线，而非单一的感测点。

04. 互容型投射电容式触控（Mutual Cap Projected Capacitive Touch）：其基本的原理是由于原本所存在的单一 X 轴、Y 轴交错点的电容值 C_s，当手指触碰面板而造成电容产生时，它等同于提供另一个串联的电容值，因而手指触碰后整体 C_s 的电容值反而是减少的。互容型的触控原理在于检测两个感测之间的电容值大小，其触摸导体信号来源是边缘电场。它是感测单一 X 轴、Y 轴交错点的电容值变化；互容型投射电容式触控技术是针对单一的感测点，而非一整条的感测线。

05. 信号与噪声比值（Signal-to-Noise Ratio or S/N Ratio SNR）：意指在信号传输中，某一特定点的信号功率与噪声功率的比值，其比值的大小可用于表示信号传输质量的优劣。若信号与噪声比值愈高，则其信号传输的质量就愈好的。信号与噪声比值可简称为信噪比，通常是在对象的接收端进行测量。

06. 鬼点（Ghost Points）或虚点（Virtual Point）：在触摸触摸屏过程之中，因为所触摸的点区域产生实际动作，但是系统又因感应而误判为其他的点区域，进而做出同样的动作，因此造成误判的此点区域就形成所谓的鬼点效应或虚点效应。触控IC 组件的功能是极为重要的，它必须精确地运算并做出准确的判别，进而执行实际以及准确的动作。

07. 单点触控（Single Touch）：以单一手指触摸屏幕，能产生触控功能的操作方式，称之为单点触控。

08. 多点触控（Multiple Touch or Multi-Touch）：以两个或两个以上手指触摸屏幕，能产生触控功能的操作方式，称之为多点触控。

09. 衍生电容或寄生电容（Parasitic or Self- or Stray Capacitive）：在电子电路中，电子组件或电路之间存有原本的内在电容，但是因为信号相互传输干扰而产生未预期的额外电容值，以致造成其偏离理想值，它所衍生的额外电容值称之为衍生电容或寄生电容。

10. 电容耦合效应（Capacitive Coupling Effect）：是指信号由第一级传输至第二级的过程之中，信号经由导线、空间以及公共导线等相互作用，对系统产生信号或干扰性的噪声，此现象称为耦合效应。就电容的电性而言，这就是所谓的电容耦合。电容耦合有时又称为电场耦合或静电耦合。一般的电容耦合是指在交流的情况下呈现一种短路效应，但是在直流的情况下呈现一种开路效应。直接耦合效应是指干扰性信号直接通过导线而侵入系统，并对系统造成干扰作用的一种方式。直接耦合效应是一般系统中存在最普遍的一种耦合效应。

11. 电容（Capacitive）：是指在某一特定的电压或电位差的两个平行板之间所储存的电荷量，也就是电容（C），它等于电荷量（Q）除以电压（V），或者等于电位差（E）除以两平行板之间的距离（d）。例如：若储存 1C 电荷量，而在两个平行板之间产生 1V 电压，则其电容量大小为 1F。通常，电容量的大小有微法拉（micro farad）：10^{-6}F；纳法拉（nano farad）：-10^{-9}F、皮法拉（pico farad）：-10^{-12}F。

12. 电容器（Capacitor）：是指用于储存电荷的一种组件。

📖习题练习

01. 何为电容式触摸屏技术？

02. 请叙述电容式触摸屏技术的种类及其分类。

03. 请描述各种电容式触摸屏的基本动作及其机制。

04. 请描绘出各种电容式触摸屏的基本结构，并叙述各层的功能。

05. 请说明电容式触摸屏的电路设计及其注意事项。

06. 请简要地叙述电容式触摸屏的基本测量及其要点。

📖 **参考文献**

01. S. Z. Peng，C. C. Chang，S. H. Huang，H. H. Chen，W. T. Tseng and C. R. Lee，"*A Novel Embedded Touch Display with Integrated Chip Solution*"，Proceedings of The 17th International Display Workshops (IDW'0)，(2010) 497–500.

02. S. H. Huang，S. C. Huang，S. R. Peng，Y. N. Chu et al.，"*Embedding of Capacitive Touch in the Color Sequential Display*"，Proceedings of The 15th International Display Workshops (IDW'08)，(2008) 117–119.

03. G. Barrett and R. Omote，"*Projected–Capacitive Touch Technology*"，Information Display，Vol. 26，No.3 (2010) 16–21.

04. E. Kanda，"*Integrated Active Matrix Capacitive Sensors for Touch Panel LTPS–TFT LCDs*"，SID International Symposium Digest of Technical Papers (SID'8)，(2008) 834–838.

05. H. S. Park et al.，"*A Touch Sensitive Liquid Crystal Display with Embedded Capacitance Detector Arrays*"，SID International Symposium Digest of Technical Papers，(SID'9)，Vol. 40 (2009) 574–577.

06. S. Z. Peng，S. C. Huang，S. H. Huang，Y. N. Chu，W. T. Tseng and H. T. Yu，"*A Novel Design for Internal Touch Display*"，SID International Symposium Digest of Technical Papers，Vol. 40 (2009) 567–569.

07. S. Z. Peng，S. H. Huang，H. C. Huang，Y. N. Chu，W. T.

Tseng, H. T. Yu and M. L. Lee, "*Dual Area Design in Large Size Internal Capacitive Touch Panel*", Proceedings of The 16th International Display Workshops (IDW' 9), (2009) 2155–2158.

08. S. W. C. Chan and Y. Lu, "*Capacitive Multi-Touch Controller Development Platform*", SID International Symposium Digest of Technical Papers (SID' 09), Vol. 40 (2009) 1287–1290.

09. J. Ma, X. X. Luo, T. B. Jung, Y. Wu, Z. H. Ling, Z. S. Huang, W. Zeng and Y. S. Li, "*Integrated a-Si Circuit for Capacitively Coupled Drive Method in TFT-LCDs*", SID International Symposium Digest of Technical Papers (SID' 09), Vol. 40 (2009) 1083–1086.

10. Y. J. Park, S. J. Seok, S. H. Park and O. Y. Kim, "*Embedded Touch Sensing Circuit Using Mutual Capacitance for Active-Matrix Organic Light-Emitting Diode Display*", Jpn. J. Appl. Phys., 50 (2011) 03CC08–1 ~ 03CC08–5.

11. C. Brown, K. Kida, S. Yamagishi and H. Kato, "*In-Cell Capacitance Touch-Panel with Improved Sensitivity*", SID International Symposium Digest of Technical Papers (SID' 10), Vol. 41 (2010) 346–347.

12. T. Nakamura, "*In-Cell Capacitive-Type Touch Sensor Using LTPS TFT-LCD Technology*", J. of Soc. Inf. Display, Vol. 19, No. 9 (2011) 639–644.

13. J. Feland, "*Touch the Future: Projected-Capacitive Touch*

Screens Reach for Next Markets", Information Display, Vol. 24, No.7 (2008) 38–41.

14. P. Semenza, "*Mobile–Displays Evolution: More at Your Fingertips*", Information Display, Vol. 25, No.10 (2009) 22–25.

15. T. K. Ho, C. Y. Lee, M. C. Tseng and H. S. Kwok, "*Simple Single–Layer Multi– Touch Projected Capacitive Touch Panel*", SID International Symposium Digest of Technical Papers (SID' 09), Vol. 40 (2009) 447–450.

16. C. Bauman, "*How to Select a Surface–Capacitive Touch–Screen Controller*", Information Display, Vol. 23, No.12 (2007) 32–36.

17. E. Kanda, T. Eguchi, Y. Hiyoshi, T. Chino, Y. Tsuchiya, T. Iwashita, T. Ozawa, T. Miyazawa and T. Matsumoto, "*Active–Matrix Sensor in AMLCD Detecting Liquid–Crystal Capacitance with LTPS–TFT Technology*", J. of Soc. Inf. Display, Vol. 17 (2009) 79–82.

18. E. Kanda, T. Eguchi, Y. Hiyoshi, T. Chino, Y. Tsuchiya, T. Iwashita, T. Ozawa, T. Miyazawa and T. Matsumoto, "*Integrated Active Matrix Capacitive Sensors for Touch Panel LTPS–TFT LCDs*", SID International Symposium Digest of Technical Papers (SID' 08), Vol. 39 (2008) 834–837.

19. T. Wang and T. Blankenship, "*Projected–Capacitive Touch Systems from the Controller Point of View*", Information Display, Vol. 27, No.3 (2011) 8–11.

20. C. L. Lin, Y. M. Chang, U. C. Lin, C. S. Li and A. Lin, "*Kalman*

Filter Smooth Tracking Based on Multi-Touch for Capacitive Panel", SID International Symposium Digest of Technical Papers (SID' 11), Vol. 42 (2011) 1845–1848.

21. B. Geaghan, R. Peterson and G. Taylor, "*Low Cost Mutual Capacitance Measuring Circuits and Methods*", SID International Symposium Digest of Technical Papers (SID' 09), Vol. 40 (2009) 451–454.

22. P. D. Varcholik, J. J. LaViola Jr., and C. E. Hughes, "*Establishing a Baseline for Text Entry for a Multi-touch Virtual Keyword*", International J. Human- Computer Studies, Vol. 70, No. 10 (2012) 657–672.

23. http://www.moneydj.com/kmdj/wiki/wikiviewer.aspx? keyid=b-4526da8-af5e-4ee6-892e-f04425a754e6.

第 **8** 章 单片基板解决方案
触摸屏技术

　　本章节的主要内容是：单片基板解决方案触摸屏的种类及其分类、单片基板解决方案触摸屏的结构及其特性、单片基板解决方案触摸屏的制程技术三大部分，以使一般读者可以经由其基本种类、基本结构及其基本制程技术，来了解单片基板解决方案触摸屏技术及其相关的结构与特性。

8.1　单片基板解决方案触摸屏的种类及其分类

单片基板解决方案触摸屏有别于传统式的触摸屏结构，传统式的触摸屏是由上下两片附有感应器或传感器（Sensor）的玻璃基板结合一片表面保护玻璃基板，发展到仅有上下两片附有感应器（传感器）的玻璃基板，减少的一片表面保护玻璃基板则整合于上层玻璃基板，以使上层玻璃基板具有感应器以及保护的双重功能。至于目前的单片基板解决方案触摸屏，则是将上下两片附有感应器的玻璃基板整合成一片附有感应器的玻璃基板，如此可使此单片玻璃基板兼具感应器、保护并减轻了重量。单片基板解决方案触摸屏的最终目的在于节省材料与减轻重量。

单片基板解决方案触摸屏可因感应器（Sensor）薄膜在玻璃基板的位置不同而分类，分为双面铟锡氧化物薄膜层基板（Double-Sided ITO，DITO）、单面铟锡氧化物薄膜层基板（Single-Sided ITO，SITO）两种，如图8-1所示。触摸屏的核心技术在于具有感应或感测功能的薄膜成长于基板材料表面，形成横向以及纵向的排列分布。具有感应或感测功能的薄膜即是铟锡氧化物（Indium Tin Oxide，ITO）的无机陶瓷材料，此薄膜材料的成分组成、成长条件、几何形状的长宽厚均影响最终面板的触控功能。

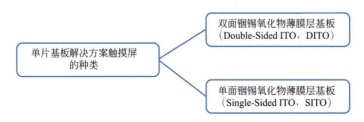

图 8-1　单片基板解决方案触摸屏的种类（因感应器薄膜在玻璃基板的位置不同）

单片基板解决方案触摸屏（One Substrate Solution，OSS）可根据使用基板材料的不同而分类，分为以玻璃材质为主的单片玻璃基板解决方案触摸屏（One Glass Solution，OGS）、以有机塑料材质为主的单片塑料基板解决方案触摸屏（One Plastics Solution，OPS）、以薄片材质为主的单片薄片基板解决方案触摸屏（One Film Solution，OFS）三种，如图 8-2 所示。

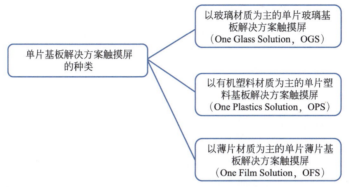

图 8-2　单片基板解决方案触摸屏的种类（因使用基板材料的不同）

单片基板解决方案触摸屏可根据制作流程技术的不同而分类，分为单片玻璃基板解决方案触摸屏（One Glass Solution，OGS）、触控在保护玻璃基板触摸屏（Touch On Lens，TOL）两种。触控在保护玻璃基板触摸屏（Touch On Lens，TOL）也可称为感应器在保护玻璃基板触摸屏（Sensor On Cover Glass，SOC），如图 8-3 所示。

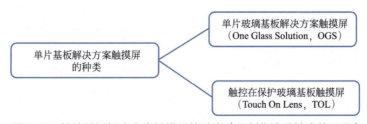

图 8-3　单片基板解决方案触摸屏的种类（因制作流程技术的不同）

　　单片基板解决方案触摸屏可根据使用薄膜材料的不同而分类，分为以铟锡氧化物材料为主的单片玻璃基板解决方案触摸屏（Indium Tin Oxide One Glass Solution，ITO-OGS）、以金属网格材料为主的单片塑料基板解决方案触摸屏（Metal Mesh One Plastics Solution，MM-OPS）两种。在小尺寸面板上，铟锡氧化物薄膜材料可以符合低电阻与低成本的特性要求，但是当面板尺寸变大时，电阻、电容、负载将随之增加，导致驱动芯片无法有效完成所需的动作，以致其感测的功能降低。此外，薄膜材料包含有纳米银线、碳纳米管、纳米碳六十、石墨烯等低电阻的新型替代性材料，低电阻、低成本触摸屏变得相当的重要。铟锡氧化物材料以及新型替代性材料的成本与导电性坐标图关系如图 8-4 所示。

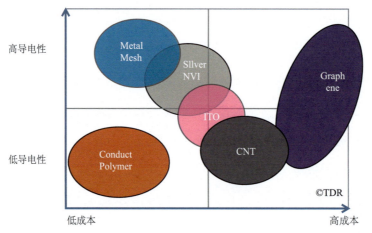

图 8-4　铟锡氧化物材料以及新型替代性材料的成本与导电性坐标图关系

　　在大尺寸触摸屏方面，低电阻、低成本以及高效能的特性要求，使金属网格材料为主的单片塑料基板解决方案触摸屏（Metal Mesh One Plastics Solution，MM-OPS）成为一个重要的选项。

金属网格（Metal Mesh）是一种导电的油墨材料，由极细的金属线构成网目形状，作为触控感应器的电极材料，以取代传统的 ITO 薄膜，其特点在于具有低的电阻、低的制造成本、低的资本支出、高的可挠性、高的透明性、适合于大尺寸触摸屏等。在电阻值方面，其数值可小于 10Ω。金属网格的主要材料是银（Ag）、溴化银（AgBr）或铜（Cu）等。

此外，继金属网格使用于各种不同尺寸触摸屏之后，纳米银线也成为另一种的选择性材料应用于大尺寸触摸屏。纳米银线（Silver Nano-Wires）长度为数微米至数十微米，线径为 10~30nm，可利用热还原法将其合成。纳米银线的特点是有高的导电性、高的透明性、低的价格、使用方便等；然而，其缺点是要调配小于 30 Ω 片电阻时，混浊度将增加而降低透明性。

现阶段，单片基板解决方案触摸屏的种类及其分类如上所叙述，未来有可能出现新的分类：新薄膜材料、新几何电极图案、几何图案及其薄膜层的相对位置等。

8.2　单片基板解决方案触摸屏的结构及其特性

就单片基板解决方案触摸屏的结构及其特性而言，将其依不同分类而加以说明。

在单片基板解决方案触摸屏的结构方面，可分为双面铟锡氧化物薄膜层基板（Double-Sided ITO，DITO）以及单面铟锡氧化物薄膜层基板（Single-Sided ITO，SITO）两种。

在双面铟锡氧化物薄膜层基板（Double-Sided ITO，DITO）方面，此类型单片基板解决方案触摸屏的基本结构，是在单片基板的单面分别沉积铟锡氧化物薄膜，并分别制作 X 轴向以及 Y 轴向分布的电极图案于单片基板的两面，两层在不同的两个表面产生排列，因而在两层薄膜之间有一层介电质的基板材料，使其隔绝起来，而此基板材料是玻璃类无机材料或塑料类有机材料。双面铟锡氧化物薄膜层基板（DITO）的基本结构图如图 8-5 所示。

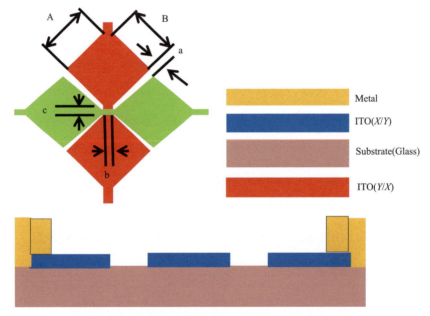

图 8-5　双面铟锡氧化物薄膜层基板（Double sides ITO，DITO）的基本结构

在双面铟锡氧化物薄膜层基板（DITO）的基本结构上，其各层的薄膜材料由上而下分别是金属薄膜、铟锡氧化物薄膜（X/Y）、玻璃基板、铟锡氧化物薄膜（Y/X）共三层薄膜材料以及一层基板材料。

在单面铟锡氧化物薄膜层基板（Single-Sided ITO，SITO）方面，此类型单片基板解决方案触摸屏的基本结构，是在单片基板的单面分别沉积铟锡氧化物薄膜，并分别制作 X 轴向以及 Y 轴向分布的电极图案于单片基板的单面，但是两层在同一面会产生堆栈，因而需要在两层薄膜之间沉积一层介电质的薄膜材料，使其隔绝起来，此介电质薄膜材料是二氧化硅（SiO_2）无机薄膜材料。单面铟锡氧化物薄膜层基板（SITO）的基本结构图如图 8-6 所示。

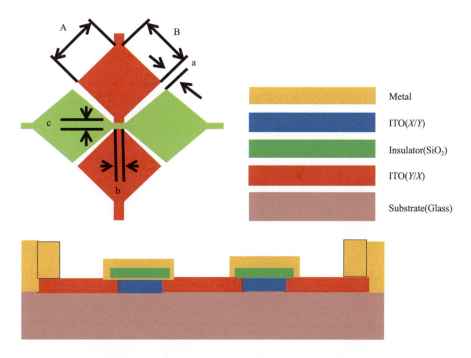

图 8-6　单面铟锡氧化物薄膜层基板（Souble sides ITO，SITO）的基本结构图

在单面铟锡氧化物薄膜层基板（SITO）的基本结构上，其各层的薄膜材料由上而下分别是：金属薄膜、铟锡氧化物薄膜（X/Y）、介电质绝缘薄膜（SiO_2）、铟锡氧化物薄膜（Y/X）、玻璃基板等四层薄膜材料以及一层基板材料。

无论是双面铟锡氧化物薄膜层基板（DITO）还是单面铟锡氧化物薄膜层基板（SITO）的组件结构，在制作流程方面，可选择单片玻璃解决方案触摸屏（OGS）或触控在保护玻璃基板触摸屏（TOL）。

无论哪一种类型的触摸屏，其特性考虑的项目不外乎有光学特性、厚度、强度、重量、成本、良品率、产能、触控准确度或灵敏度、触控IC的性能要求等；在光学特性方面，所关心的项目有透光率、折射率、反射率、吸光率等。

触摸屏组件的性能不外乎受制于基板材料、薄膜材料及几何结构等的影响，而这些因素也影响上述的特性项目的相互关系。

在GG类型的触摸屏方面，所关注的重要特性项目有强度、成本、良品率、触控准确度或灵敏度、触控IC的性能要求等。在GF2类型的触摸屏方面，所关注的重要特性项目有厚度、强度、重量、良品率、产能等。在OGS类型的触摸屏方面，所关注的重要特性项目有光学特性、厚度、强度、重量、成本、良品率、产能、触控准确度或灵敏度等。在OFS类型的触摸屏方面，所关注的重要特性项目有厚度、重量、成本等。在FF类型的触摸屏方面，所关注的重要特性项目有厚度、强度、重量等。在SITO类型的触摸屏方面，所关注的重要特性项目有光学特性、强度、重量、触控IC的性能要求等。

至于视为未来主流技术的金属线（Metal Line）或金属网格（Metal Mesh），也有其特性考虑的项目。在金属线或金属网格方面，其考虑的重要特性项目有厚度、强度、重量、成本等，所关注的重要特性项目不同于前述的相异类型的触摸屏。

触控集成电路组件（Integrated Circuit，IC）考虑的特性项目有信噪比（Signal Noise Ratio，SNR）、相对信噪比、成本、多点触控功能、触控灵敏度、触控功能一致性、取样速率（Sampling Rate）、薄膜电阻值大小及其均匀性、薄膜自容值大小及其均匀性等；在触控灵敏度方面，对于手指、笔、悬浮或悬空触控、水滴、水流等，都必须能快速地运算并辨识出来。

8.3　单片基板解决方案触摸屏的制程技术

前面已针对单片基板解决方案触摸屏的种类及其分类、单片基板解决方案触摸屏的结构及其特性等两项加以说明。本节将以单片基板解决方案触摸屏的制程技术为主体，就其制作流程以及相关的核心技术进行叙述。

由于产品的应用领域不同，单片玻璃解决方案（One-Glass Solution，OGS）触摸屏模块也就有不同的做法。例如在笔记本电脑方面，除了轻薄、美观、耐用以及多样化设计之外，玻璃基板要进行薄化、钻孔、导边、异形切割等加工处理，应增加抗压力而减少破损与裂痕，进而提升其生产良品率（Yield），达到降低成本提高质量等要求。

单片玻璃解决方案触摸屏的制程技术种类，可分为单片玻璃解决方案触摸屏（One Glass Solution，OGS）以及触控在保护玻璃基板触摸屏（Touch On Lens，TOL）两种。单片玻璃解决方案触摸屏（One Glass Solution，OGS）制程技术可称为大片基板制程技术（Sheet Type Process），触控在保护玻璃基板触摸屏（Touch On Lens，TOL）制程技术可称为小片基板制程技术（Piece/Cell/ Chip Type Process），在英文专有名词的使用上必须要有所了解，才不会产生误解。

就单片玻璃解决方案触摸屏（OGS）而言，其制作流程的步骤顺序不同于触控在保护玻璃基板触摸屏（TOL）。

就触控在保护玻璃基板触摸屏（TOL）而言，其制作流程的步骤顺序不同于单片玻璃解决方案触摸屏（OGS）。

在单片玻璃解决方案触摸屏（OGS）或触控在保护玻璃基板触摸屏（TOL）方面，又因基本结构的不同而分为双面铟锡氧化物薄膜层基板（Double-Sided ITO，DITO）以及单面铟锡氧化物薄膜层基板（Single-Sided ITO，SITO）两种不同的制程技术，如图 8-7 以及图 8-8 所示。

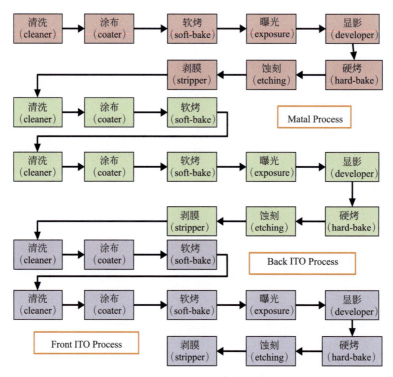

图 8-7　双面铟锡氧化物薄膜层基板（DITO）的制程技术流程图

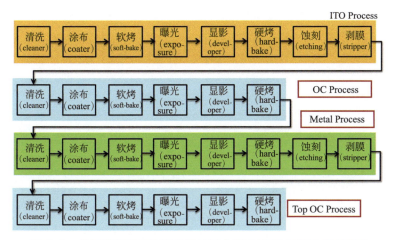

图 8-8　单面铟锡氧化物薄膜层基板（SITO）的制程技术流程图

　　在单片玻璃解决方案（OGS）触摸屏的制程技术方面，其制作流程是大片（Sheet）玻璃基板表面进行黑色矩阵光阻涂布、氧化铟锡镀膜、金属导线镀膜等黄光微影技术，其次经由切割、研磨、精雕等一系列加工处理成为小片（Piece or Chip or Cell）基板，然后进行抛光、研磨、修整玻璃边沿的微细裂痕等一系列后续加工处理。

　　事实上，单片玻璃解决方案（OGS）的制作流程，可细分为前段的传感器（Sensor）制程以及后段的计算机数字控制工具机（Computer Numerical Control，CNC）制程两种。换言之，OGS制作流程的步骤顺序是先化学式强化、传感器镀膜、切割与加工、网版印刷与表面处理等，如图 8-9 所示。

　　就单片玻璃解决方案（OGS）制程技术的挑战问题而言，有制程的选择、遮光层的形成、透明导电薄膜图案化、大片基板材料、黄光微影技术以及模块整合等。这些挑战性问题之中，黄光微影技术（Lithographic Process）是极为重要的核心技术，它影响着透明导

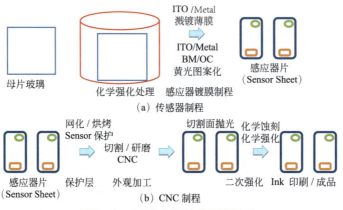

图 8-9　OGS 制程技术的流程图

电薄膜与金属薄膜图案化的精密度，进而影响最终产品的敏感性与灵敏度。

在前段的（Front-End）传感器 / 感应器制程方面，有玻璃洗净、化学强化处理、传感器薄膜沉积、黄光微影图案化等，从而制作出传感器大片（Sheet）玻璃基板；传感器的制作即是在玻璃基板表面沉积薄膜氧化铟锡薄膜（ITO Film）。

就单面氧化铟锡薄膜（Single-Sided ITO）的基本结构而言，在前段制程技术之中，将化学强化处理后的大片玻璃基板沉积氧化铟锡薄膜，然后涂布黑色矩阵并用黄光微影技术进行图案化（X 轴向电极），其次镀上一层绝缘性介电薄膜层，然后沉积氧化铟锡薄膜并用黄光微影技术进行图案化（Y 轴向电极），最后溅镀铝钼金属多层薄膜（Al/Mo/Al）并用黄光微影技术进行图案化。一般金属薄膜层的厚度均小于 4 000 Å，在薄膜沉积过程中，若有粉尘、颗粒、异物或膜性不佳等情况发生，则图案化的电路配线将产生缺线，进而影响最终组件产品的物理特性。

在后段的（Back-End）计算机数字控制工具机制程方面，外观加工以及二次强化是极为重要的，而其相关的细项则有网印保护层、CNC 切割与研磨（Cutting and Grinding）、抛光（Polishing）与二次化学强化处理、油墨印刷等，从而制作出传感器小片（Chip）玻璃基板。计算机数字控制工具机（CNC）有时称为数控工具机，它是一种事前编辑精确程序语言指令输入数控系统的内存，再经由计算机编译计算和透过位移控制系统，将信号传送至驱动器来驱使电机进行自动加工的一种工具机。

在 CNC 切割与研磨处理后，玻璃基板容易形成导角从而被操作者刮伤或产生边沿破损等问题，故加工后的玻璃基板需经过二次化学强化处理或物理强化，以增加产品的机械强度。经过二次化学强化处理的玻璃基板，需要再经过抗酸膜的移除处理以及清除步骤。清除的步骤在于移除残留的胶与酸液，然后进行软性印制电路板的贴合和电性的功能测试，检测处理后无任何问题时，最后将产品两面贴上保护膜即可出货给客户。

在切割设备方面，其主要的种类有异型玻璃切割机、激光玻璃切割机、CNC 与精雕机、三轴多任务 CNC 切割机、氢氟酸（HF）蚀刻机等。在研磨设备方面，其主要的种类有玻璃研磨机、CNC 与精雕机、三轴多任务 CNC 切割机等。在玻璃导角设备方面，其主要的种类有玻璃导角机、CNC 与精雕机、三轴多任务 CNC 切割机等。在加工的基本原理方面，则有接触式切割、非接触式切割、化学蚀刻式切割等。此外，在物理式与化学式边沿强度修复方面，分别有高速侧抛机与氢氟酸（HF）蚀刻机。

触控在保护玻璃基板触摸屏（TOL）的制程技术方面，其制作流程是大片（Sheet）玻璃基板先经由切割、研磨、精雕等一系列加工处理而成为小片（Piece or Chip or Cell）基板，然后经过抛光、研磨、修整玻璃边沿的微细裂痕等一系列后续加工处理，其次对小片基板进行化学强化处理，接着在基板表面进行氧化铟锡镀膜、黑色矩阵光阻涂布、金属导线镀膜等黄光微影技术。

事实上，触控在保护玻璃基板触摸屏（TOL）的制作流程，可细分为前段的计算机数字控制工具机（Computer Numerical Control，CNC）制程以及后段的传感器（Sensor）制程两种。换言之，TOL 制作流程的步骤顺序是切割与加工、化学强化、传感器镀膜、网版印刷与表面处理等，如图 8-10 所示。

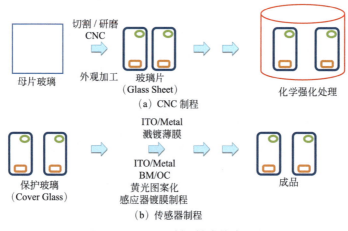

图 8-10　TOL 制程技术的流程图

在前段的（Front-End）计算机数字控制工具机制程方面，外观加工以及二次强化是极为重要的，其相关的细项有网印保护层、CNC 切割与研磨（Cutting and Grinding）、抛光（Polishing）与二次化学强化处理、油墨印刷等，从而制作出传感器小片（Chip）玻璃基板。

在后段的（Back-End）传感器 / 感应器制程方面，有玻璃洗净、化学强化处理、传感器薄膜沉积、黄光微影图案化等，制作出传感器大片（Sheet）玻璃基板；传感器的制作即是在玻璃基板表面沉积薄膜氧化铟锡薄膜（ITO Film）。

就单面氧化铟锡薄膜（Single-Sided ITO）的基本结构而言，在后段制程技术之中，将化学强化处理后的小片玻璃基板沉积氧化铟锡薄膜，然后涂布黑色矩阵光阻剂并用黄光微影技术进行图案化（X 轴向电极），其次镀上一层绝缘性介电薄膜层，然后再沉积氧化铟锡薄膜并用黄光微影技术进行图案化（Y 轴向电极），最后溅镀铝钼金属多层薄膜（Al/Mo/Al）并用黄光微影技术进行图案化。

就前段的制程技术而言，OGS 以及 TOL 两种制程技术之间的优缺点各有不同，如图 8-11 所示。在一次性生产方面，前者大片基板制程技术是高于后者小片基板制程技术的。在玻璃强化效应与框边印刷良品率方面，前者 OGS 大片基板制程技术是低于后者 TOL 小片基板制程技术的。同样，在人力需求与制程良品率方面，OGS 大片基板制程技术也是低于 TOL 小片基板制程技术的。

前段制程	大片类型（OGS）	小片类型（TOL）
一次性生产	高	低
玻璃强化效应	低	高
框边印刷良品率	低	高
设备投资数量	少	多
人力需求	低	高
制程良品率	低	高

图 8-11　OGS 以及 TOL 两种制程技术之间的优缺点

在设备投资数量方面，OGS 制程技术是少于 TOL 制程技术的。在单片多排版制程技术之中，所需增加的设备项目有高度差测量系统、平坦度测量系统、移除残留胶材清洗系统、高精密度银胶印刷机系统、高精密度激光线路图案蚀刻系统、自动化整合串联设备系统等。

无论是 OGS 或 TOL 制程技术，其核心的关键性技术之一为黄光微影制程技术。黄光微影制程技术（Lithographic Processes）是一种印刷制版技术，运用光罩将电路图案转移至光阻，进行对准（Alignment）、曝光（Exposure）、显影（Develop）、蚀刻（Etching）等一系列步骤，以形成所需的电路配线布局图。事实上，黄光微影制程技术可分为光阻涂布、对准与曝光、显影三大部分。在光阻剂涂布方面，有基板清洗、预烤（Pre-bake）、光阻剂的旋转涂布、软烤（Soft-bake）等；在显影方面，有显影、图案检视、硬烤（Hard-bake）等。黄光微影制程技术的步骤顺序如图 8-12 所示。

就黄光微影制程技术而言，其基本的特性要求有高的分辨率、高的精确对准、高的感光度光阻剂、低的缺陷密度、精确的制程参数控制等。

光阻剂材料（Photo Resist，PR）是一种感光性材料，其基本的组成有聚合体、感光剂、溶剂以及添加剂等。

在聚合体（Polymer）方面，它是一种有机固态材料，当受到紫外线照射时引发光化学反应进而改变其溶解度，正光阻剂将使其由不溶性转变成可溶性，而负光阻剂则使其由可溶性转变成不溶性。在感光剂（Sensitizer）方面，其主要的功能在于控制并调整光阻剂在曝光过程中的光化学反应，从而决定曝光时间及其强度。在

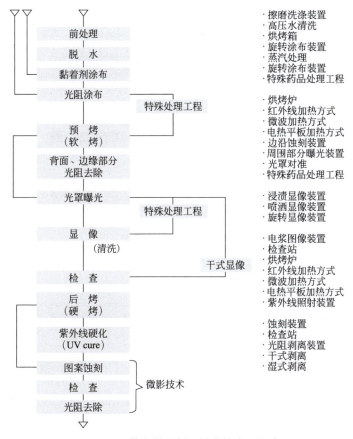

图 8-12　黄光微影制程技术的步骤顺序

溶剂（Solvent）方面，它是用于溶解聚合体及感光剂的液体，以使光阻剂可以经由旋转涂布方式在基板表面形成薄膜层。添加剂（Addition）是为了满足制程要求而添加的其他功能的化学物质。

　　光阻剂材料（Photo Resist，PR）可分为负光阻剂（Negative Photo Resist，NPR）以及正光阻剂（Positive Photo Resist，PPR）两种。正光阻剂以及负光阻剂的制程差异及其特性比较，如图 8-13 所示。

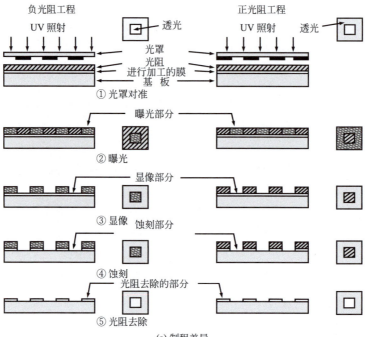

(a) 制程差异

制程参数（Parameters）	负光阻（NPR）	正光阻（PPR）
化学稳定性	较稳定	不太稳定
灵敏度	较高	较低
分辨率	稍低	高
显像容许度	大	小
氧的影响	大	小
涂布膜的厚度	因分辨率无法加厚	可加厚涂布
阶梯式覆盖率	不佳	良好
去除光阻（图案形成后）	稍困难	容易
耐湿式蚀刻性	良好	不佳
耐干式蚀刻性	稍差	良好
与 SiO_2 的黏着性	良好	不佳
机械强度	强	弱

(b) 特性比较

图 8-13　正光阻剂以及负光阻剂的制程差异及其特性比较

　　负光阻剂是一种含有感光特性的化合物以及环化橡胶型感光树脂的有机溶剂，经紫外线照射后产生架桥反应，再经由重合、硬化以及运用显影剂而形成不溶性碱。负光阻剂材料为聚异戊二烯橡胶，在曝光后形成交联聚合体，交联聚合体较能耐得住化学蚀刻，因而未曝光的部分在显影时即会被溶解。换言之，可以运用曝光部分和未曝光部分的溶解度差异性进行图案化的显像。在显影时，曝光部分的光阻剂不会溶解，而未曝光部分的光阻剂则会被溶解。负光阻剂材料的缺点是聚合体（曝光部分的光阻图案）会吸收显影溶剂而导致光阻剂膨胀，进而使其分辨率降低。负光阻剂材料的价格是较便宜的。

　　正光阻剂是一种含有感旋光性材料和酚类树脂（酚醛树脂聚合物）的有机溶剂，也是一种不可溶性的碱。但是，经过光的照射后，则转变为一种可溶性的碱，故可使用碱溶剂（醋酸盐类）来进行图案化电路的显影。正光阻剂材料有稳定性、黏着性、使用不便等挑战性问题。由于具有高的分辨率，从而半导体制程选择使用正光阻剂。感光剂会交联于树脂之中，曝光时光能量将会分解感光剂而破坏交联结构，曝光后的树脂可溶解于显影剂中，因为光阻剂显影时，对曝光部分与未曝光部分的溶解度不同。换言之，在显影时，未曝光部分的光阻剂不会溶解，而曝光部分的光阻剂则是会被溶解的。此外，正光阻剂材料的优点为光罩倍缩后与光罩上的图案仍保持一致。

　　本章节已就单片基板解决方案触摸屏的种类及其分类、单片基板解决方案触摸屏的结构及其特性、单片基板解决方案触摸屏的制程技术等三大部分作基本的概述以及说明。在下一个章节将继续探讨触摸屏技术的基本问题与发展及其相关的内容。

📖 专有名词

01. 感应器或传感器（Sensor）：一层氧化铟锡薄膜材料沉积于基板形成具有感应功能的组件。

02. 单片基板解决方案触摸屏（One Substrate Solution, OSS）：仅有一片基板材料来沉积不同排列结构的两层氧化铟锡薄膜材料，进而应用于制作触摸屏的技术，称之为单片基板解决方案触摸屏。

03. 单片玻璃基板解决方案触摸屏（One Glass Solution, OGS）：仅有一片基板材料来沉积不同排列结构的两层氧化铟锡薄膜材料，进而应用于制作触摸屏的技术，而所用的基板材料为玻璃，则称之为单片玻璃基板解决方案触摸屏。

04. 单片塑料基板解决方案触摸屏（One Plastics Solution, OPS）：仅有一片基板材料来沉积不同排列结构的两层氧化铟锡薄膜材料，进而应用于制作触摸屏的技术，而所用的基板材料为塑料，则称之为单片塑料基板解决方案触摸屏。

05. 单片薄片基板解决方案触摸屏（One Film Solution, OFS）：仅有一片基板材料来沉积不同排列结构的两层氧化铟锡薄膜材料，进而应用于制作触摸屏的技术，而所用的基板材料为薄片，则称之为单片薄片基板解决方案触摸屏。

06. 触控在保护玻璃基板触摸屏（Touch On Lens, TOL）：将触控功能的感应器或传感器的薄膜材料制作于保护玻璃基板，则此类触摸屏称为触控在保护玻璃基板触摸屏。

07. 感应器在保护玻璃基板触摸屏（Sensor On Cover Glass, SOC）：与 TOL 是一样的概念而仅是名词表示不同，事实上，它是将一种触控功能的感应器或传感器的薄膜材料制作于保护玻璃基板，此类触摸屏称为触控在保护玻璃基板触摸屏。

08. 双面铟锡氧化物薄膜层基板（Double-Sided ITO, DITO）：此类型单片基板解决方案触摸屏的基本结构，是在单片基板的单面分别沉积铟锡氧化物薄膜，并分别制作 X 轴向以及 Y 轴向分布的电极图案于单片基板的两面，两层在不同的两个表面产生排列，因而在两层薄膜之间存有一层介电质基板材料，使其隔绝起来；此基板材料是玻璃类无机材料或塑料类有机材料。

09. 单面铟锡氧化物薄膜层基板（Single-Sided ITO, SITO）：此类型单片基板解决方案触摸屏的基本结构，是在单片基板的单面分别沉积铟锡氧化物薄膜，并分别制作 X 轴向以及 Y 轴向分布的电极图案于单片基板的单面，但是两层在同一面会产生堆栈，因而需要在两层薄膜之间沉积一层介电质薄膜材料，使其隔绝起来。

10. 铟锡氧化物的单片玻璃基板解决方案触摸屏（Indium Tin Oxide One Glass Solution, ITO-OGS）：以氧化铟锡薄膜材料沉积于基板而形成具有感应功能的组件，此类触摸屏称为铟锡氧化物的单片玻璃基板解决方案触控面板。

11. 金属网格的单片塑料基板解决方案触摸屏（Metal Mesh One

Plastics Solution，MM-OPS）：以金属网格薄膜材料涂布于基板而形成具有感应功能的组件，此类触摸屏称为铟锡氧化物的单片塑料基板解决方案触摸屏。

12. 金属网格（Metal Mesh）：金属网格（Metal Mesh）是一种导电性的油墨材料，由极细的金属线构成网目形状，作为触控感应器的电极材料，以取代传统的ITO薄膜，其特点在于具有低的电阻、低的制造成本、低的资本支出、高的可挠性、高的透明性、适合于大尺寸触摸屏等。在电阻值方面，其数值可达小于10Ω。金属网格的主要材料是银（Ag）、溴化银（AgBr）或铜（Cu）等。

13. 铟锡氧化物（Indium Tin Oxide, ITO）：铟锡氧化物是一种导电薄膜材料，是铟氧化物与锡氧化物以一定化学计量比混合而成的化合物，它是光电组件以及触控感应器的关键性透明导电材料。

14. 纳米银线（Silver Nano-Wires）：纳米银线（Silver Nano-Wires）的长度为数微米至数十微米，而宽度为100nm左右，可利用热还原法将其合成。纳米银线的特点是有高的导电性、高的透明性、低的价格、使用方便等；然而，其缺点是要调配小于30Ω片电阻时，混浊度将增加从而降低透明性。

15. 碳纳米管（Carbon Nano-Tubes）：碳纳米管是由碳以五边形或六边形所构成的一种一维量纲的管状结构，也可视为由石墨原子平面所卷成的圆筒状结构，因其尺寸在纳米级而称之为碳纳米管（Carbon Nano-Tubes）。碳纳米管具有金属导体、半导体以及非导体等特性。因其构造的层数不同，可分为单壁碳纳米管以及多壁碳纳米管两种。碳纳米管的每一个碳原子是 sp^2 混成轨域，相互之间以碳－碳（sigma）键结合起来，形成六边形蜂窝状构造从而作为碳纳米管的主要骨干。此外，每一个碳原子上未参与混成的一对 p 电子将相互形成跨越于整个碳纳米管的共轭 π（pi）电子云。

16. 纳米碳六十（C_{60}，Bucky-Ball）：纳米碳六十是由 60 个碳原子所构成的一种零维量纲的球状结构（C_{60}），其外观形状类似于足球，而加拿大的蒙特利尔巨蛋结构也是神似于此 C_{60} 球状结构，因而它又称为巴克球（Bucky-Ball），也称之为富勒烯（Fullerene）。

17. 石墨烯（Graphene）：石墨烯是由碳以六边形蜂窝状构造所构成的一种二维量纲的平面薄膜状结构，而六边形蜂窝状构造是由碳以 sp_2 混成轨域所组成。从热力学的理论来推算，石墨烯（Graphene）是一种假设性虚拟结构，并不能单独而稳定地存在于自然界中。2004 年，曼彻斯特大学物理学专家安德烈·海姆以及康斯坦汀·诺沃肖洛夫成功地从石墨中分离出石墨烯，并于 2010 年同获诺贝尔物理学奖。石墨烯是目前世上最薄最坚硬的纳米材料，几乎完全透明而仅吸收 2.3% 的光；热导率高达 5300W/（m·K），远大于碳纳米管或金刚石；在电子迁移率方面，高达 15000cm^2/（V·s），远大于碳纳米管、砷化镓或硅的半导体材料；电阻率为 $10^{-6}\Omega$·cm，远小于铜或银，已为目前世上电阻率最小的材料。

📖 习题练习

01. 何为单片基板解决方案触摸屏技术?

02. 请叙述单片基板解决方案触摸屏技术的种类及其分类。

03. 请描述 OGS 以及 TOL 之间的差异及其优缺点。

04. 请描绘出 OGS 触摸屏的基本结构，并叙述铟锡氧化物薄膜层的堆栈方式。

05. 请说明 OGS 以及 TOL 的制程技术。

06. 请简要地叙述单片基板解决方案触摸屏的关键性材料及其新材料。

📖 参考文献

01. J. A. Pickering, "Touch-Sensitive Screens : The Technologies and T*heir Application* " Intl J. of Man-Machine Studies, *Vol.* 25 (1986) 249-269.

02. Koichi Kurita, Yusaku Fujii, and Kazuhito Shimada, "*A New Technique for Touch Sesning Based on Measurement of Current Generated by Electrostatic Induction* ", Sensors and Actuators A : Physical, *Vol. 170* (2011) 66-71.

03. Jong-Kwon Lee, Sang-Soo Kim, Young-In Park, Chang-Dong Kim, and Yong-Kee Hwang, "*In-Cell Adaptive Touch Technology for a Flexible e-Paper Display* ", Solid-State Electronics, *Vol. 56*, No. 1 (2011) 159-162.

04. Vasuki Soni, Mordhwaj Patel, and Rounak Singh Narde, "*An Interactive Infrared Sensor Based Multi-Touch Panel* " IJSRP, Vol.

3, No.3 (2013 Edition) [ISSN 2250–3153].

05. Y. H. Tai, H. L. Chiu, and L. S. Chou, *"Large–Area Capacitive Active Touch Panel Using the Method of Pulse Overlapping Detection"*, J. of Display Technology, Vol. 9 No. 3 (2013) 170–175.

06. Y. H. Lai, Y. H. Lan, T. Y. Huang, C. L. Wang, K. C. Lo, T. C. Chang, S. H. Hung, C. C. Chan, K. L. Hwu, and C. S. Chuan, *"A 9–inch Flexible Color Electrophoretic Dispkay with Projected Capacitive Touch Panel and Integrated Amorphous–Silicon Gate Driver Circuits"* SID Symposium Digest of Technology Papers, Vol. 44, No. 1 (2013) 41–44.

07. K. Hemanth Vepakomma, Manoj Pandey, Tomohiro Ishikawa, and Ramji Koona, *"Predicting Change in Cell Gap in LCD Panels Subjected to Touch Force"* SID Symposium Digest of Technology Papers, Vol. 44, Suppl. S1 (2013) 144–147.

08. A. Gallace and C. Spence, *"The Science of Interpersonal Touch : An Overview"* Neuroscience and Biobehavioral Reviews, Vol. 34, No. 2 (2010) 246–259.

09. A. Cockburn, D. Ahlstrom and C. Gutwin, *"Understanding Performance in Touch Selections : Tap, Drag and Radial Pointing Drag with Finger, Stylus and Mouse"*, International Journal of Human–Computer Studies, Vol. 70, No.3 (2012) 218–233.

10. J. A. Pickering, *"Touch–sensitive Screens: the Technologies and their Application"* International Journal of Human–Computer Studies, Vol. 25, No.3 (1986) 249–269.

11. G. Ciocca, P. Olivo and R. Schettini, "*Browsing Museum Image Collections on a Multi-Touch Table* " Information System, Vol. 37, No.2 (2012) 169–182.

12. K. L. Schultz, D. M. Batten and T. J. Sluchak, "*Optimal Viewing Angle for Touch-Screen Displays: Is There Such a Thing*? " International Journal of Industrial Ergonomics, Vol. 22, No.4–5 (1998) 343–350.

第 9 章 触摸屏技术的基本问题及其发展性

本章节的主要内容是触摸屏技术的基本问题以及触摸屏技术的未来发展性两大部分。一般读者可以经由其基本原理、基本材料、基本结构、基本测量及其基本应用，来了解触摸屏技术的基本问题及其未来发展性。

9.1　触摸屏技术的基本问题

触摸屏技术可以实现直觉式触感的人机接口功能（Human-Machine Interface，HMI），经由接触或触碰方式来下达指令，进而操作机台面板，以使电子产品可实现人性化触觉的简单、容易、友善、互动的操作体验。

此种类型的触控操作方式，是使用一根或多根手指头来碰触屏幕面板上的功能区域，此屏幕面板是具有触控功能的，此时触控集成电路或触控 IC（Touch IC）将接收到这些模拟信号而将其转换成数字信号；紧接着，再经由驱动程序来解读这些信号，并于屏幕面板呈现出相关的反应作用。

触摸屏技术基于不同的架构及其感应方式分类，目前主要有电阻式、电容式、光学式、声波式（超声波式）以及电磁式五种。这些触摸屏技术，视其应用产品的功能需求以及成本的考虑而有不同的应用。其中，电阻式面板技术是相当传统且成本低的技术。

近年来，电容式触摸屏技术兴起之后，部分地取代了传统的电阻式触摸屏技术，而电容式触摸屏技术可分为表面式以及投射式两种，其中又因投射式触摸屏技术具有防水性、抗划性、高的透光率以及多点触控功能等优越的特性，所以在市场上受到消费者的青睐。

触控屏幕基本结构示意图如图 9-1 所示。在此，显示面板可以是液晶显示面板（Liquid Crystal Display，LCD）、电浆显示面板（Plasma Display Panel，PDP）、软性显示面板（Flexible Panel）、电子书显示面板（e-Book Panel）、主动电激发光显示面板（AMOLED Panel）等。

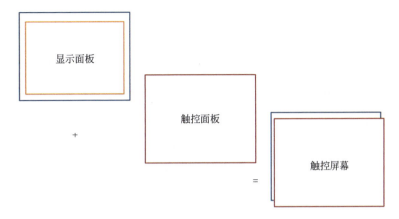

图 9-1　触控屏幕（Touch Screen, TS）基本结构的示意图

触摸屏技术的应用领域相当广泛，主要以消费性产品为主流性应用产品。简要地列述一些应用如下。

· 消费性电子产品：智能手机、多媒体影音播放系统、导航系统设备等；

· 计算机类产品：平板电脑、笔记本电脑、一体（AIO）计算机等；

· 信息公共服务站：自助式购票系统、智能型贩卖机、交互式信息站等；

· 家电型应用产品：电冰箱、立体音响、安保系统、影音视频系统等。

基于绿色环保、投资成本、光学特性、有效面积等因素考虑，触摸屏技术的基本问题可从材料方面、制程方面、结构方面以及系统（功能）方面来考虑说明。

在材料方面的考虑上，包括透明导电薄膜、硬质玻璃、软质薄片、贴合剂、光学薄膜、软性印制电路板等，其中透明导电薄膜的材料，如氧化铟锡就涉及稀有元素铟（Indium, In）的蕴藏量问题，因而替代性材料研究与开发是极为重要的。此外，由大面积沉积而形成的薄膜，则涉及薄膜的均匀性，这将影响到触控感应器的性能。最后，新的替代性材料将配合新的制程设备的设计及其制程参数的掌控，也是商业化量产过程极为重要的关键性技术。

在制程方面的考虑上，简化制程方法及其步骤，高效率且经济化的制程设备，以非真空的喷雾热裂解、网版印刷制程来替代真空的热蒸镀、磁控式溅镀制程，进而有效地降低制程设备建构的投资成本。近几年，使用辊轮对辊轮式的（Roll-to-Roll）制程设备，可有效地提升其生产线量产速率，而此制程技术也可应用于软性电子及其显示器的开发与应用。此外，不同时期制程设备的开发都应该考虑可以与此新制程设备搭配的新材料，若新材料的特性无法与兼容性好的新制程设备搭配，则所产出的部件的性能将无法彰显，并导致其生产产品的良品率（Yield）降低，这是不可不注意的。

在结构方面的考虑上，一般贴附型的触摸屏技术以电阻式以及电容式为最佳，而电容式触摸屏技术则是以投射电容式触摸屏为主的。整体而言，贴附型的触摸屏技术是较简易的。嵌入型的触摸屏技术是在液晶胞内制作一光感测组件（Optical Sensor），而结构上以及制程上都将增加一些制作流程，制程的复杂性将提高生产的成本以及有可能降低其产品的良品率（Yield）。它是在液晶胞的晶体管阵列上再设计一光感测组件，其次运用显示器的背光源或周围环境的光源，检测手指头在显示面板上方反射的光影像或所形成的阴影，并与驱动芯片相结合而动作。此外，在触摸屏的结构上，将朝单片玻璃解决方案（One Glass Solution, OGS）并且发展，其基本问题仍是材料的简化如何达成并且不损及其相关的性能。

在系统（功能）方面的考虑上，在系统的外观上，可以实现轻、薄、短、小等优越的特性；在系统的功能上，可以增加其多元化、立体化、光感应化、声控化以及高敏感性等。从触摸屏的技术种类及其发展历程来看，电学特性仍是初期发展的主流核心问题，所面临的技术性问题都是电学特性之间的问题。但是，随着需求多元化、多样化，光学以及超声波（声波）等物理特性也将整合于触摸屏技术，使得触控感测技术（Touch Sensing Technology）更加多彩多姿地应用于人机接口的触控屏幕之中。

目前，触摸屏的技术有电阻式、电容式、光学式、超声波式（声波式）、电磁式五种，其中以电容式触摸屏技术的应用最受瞩目，但是所衍生的技术问题也不少。每一种类型的触摸屏技术均有其优点以及缺点，视最终应用产品系统的规范及其规格需求而定。

电容式触控系统（Capacitive Touch System）所采用的是电容传感器或电容感应器（Capacitive Sensor）组件。当使用者以手指接触屏幕时，将会有连续性的电流通过此传感器，使传感器能够准确地在水平和垂直方向储存电子，以形成电容场（Field of Capacitance）的分布。当传感器的"正常"电容场被另外一个电容场改变时，也就是当手指接触到不同的位置，此时屏幕面板每个角落中的电路就会立刻计算出电场的改变程度及其大小，然后将此触碰或接触事件的信号传送到控制器进行处理。

在电容式触摸屏系统之中，由于信号的相互干扰而有些不良的问题产生，其中最为人所知的是鬼点效应（Ghost Point Effect），这是所有工程师必须面对的问题，而如何解决此问题也是所有工程师必须面对的。

目前，解决鬼点效应（Ghost Point Effect）的方法，有区块分割、时间差值、轴向增加、手势辨识四种。当然，仍有其他的不同方式可以有效地解决鬼点效应的问题，因受制于篇幅的空间，不能尽叙读者可参考相关的文献数据。

在"区块分割（Domain Dividing）"的设计上，倘若多根手指头在同一区块近距离进行触碰，仍有鬼点的产生，则可将每一区块设计为仅能有单点触控的功能，如此就不会有鬼点效应的出现。这种设计方式必须考虑在材料以及制程上是否能够有效地执行而实现良品率的提升。

在"时间差值（Time Difference）"的设计上，利用多根手指头接触或触碰触摸屏的时间差，使扫描的速度快于多个手指头触碰触摸屏的速度差，则此触摸屏将实时地检测出多根手指头所触碰的位置坐标，如此就不会有鬼点效应的产生。

在"轴向增加（Axial Extending）"的设计上，轴向的角度可因产品需求而有不同的角度设计，一般轴向角度的设计是以 45° 为主的。轴向增加的设计可以有效地提升其辨识触碰点的数量及其相对位置，例如每增加一个轴向就可以多增加一个辨识点。但是每增加一个轴向将会多增加一层透明导电薄膜层的制作，如此将会增加触控面板的重量、厚度及其成本。无论如何，轴向增加的设计理念可以使鬼点效应不会产生。

在"手势辨识（Gesture Recognition）"的设计上，就多点式触摸屏而言，手势辨识的功能并不能检测并感应出所触碰的具体位置坐标。然而，手势辨识的功能可以对目标对象进行平移、旋转、放大以及缩小等动作，而这些手势动作仅需要判定手势的相对位置及其运动性，而不需要知道两个触碰点的精确位置坐标，如此做法也不会有鬼点效应的产生。

在美国微软公司的 Window 7 软件操作系统的"推波助澜"之下，后计算机时代的平板电脑（Tablet）以及云端计算机（Cloud Computer）等产品，其交互式以及人性化的人机接口设计掀起新一波的技术革新与革命。除此之外，在美国微软公司以及苹果计算机公司的相互推动之下，电容式的鼠标已发展至鼠标 2.0 版本；一体计算机以及监视器等信息产品，也因多点式触控的硬件、固件以及软件的发展，促使触控系统的应用更快地开展起来。就系统应用产品而言，交互式以及人性化的人机接口设计将由智能手机发展至平板电脑（Tablet）、笔记本电脑、台式电脑、智能型电视、教学用广告牌、3D 立体化显示屏幕等。除了硬件之外，系统软件、应用软件、操作系统软件等相关软件及其固件也随之产生不同版本的升级，如 Win8.0 以及 Android 等就是很明显的例子。这些都在不断地发生以及发展中，并已成为不可避免的事实。如何解决其相互间的基本技术性问题，是一个极有挑战性的问题。

就多点式触摸屏而言，其图案的设计主要是以菱形图案为主，而此图案的专利所有权是美国 3M 公司的，此专利的有效期限已达 20 年，因而往后在专利诉讼上将有所保留。由于美国苹果计算机公司的智能手机 iPhone 以及平板电脑 iPad 均采用投射电容式触摸屏，随着美国 3M 公司电容式触摸屏的相关重要专利将到期或过期，电容式触摸屏的生产就不再是单一公司所拥有的，因而更多的公司将投入此类型触摸屏的生产行列，如此消费者将可以购买到更经济实惠的产品。就触摸屏技术而言，宸鸿、洋华、胜华、接口等数十家制造厂商，促使台湾地区在触摸屏市场占有率有六成以上，并成为世界主要的供货商，但是台湾地区在知识产权及其专利方面，仍是居于较不利的局面且每年都得付出相当可观的授权使用费给其他地区的厂商。触摸屏相关技术的知识产权及其专利，在目前以及未来将是台湾地区触摸屏产业所面临的极为严峻的知识性经济大问题，唯有鼓励有创意以及创造力的年轻人或工程师们来努力申请触摸屏相关技术的知识产权及其专利，才能保住台湾地区触摸屏产业的优势。

计算机屏幕系统的影像传输接口，将由模拟式的视频图形阵列（Video Graphics Array，VGA）端子或数字视频接口（Digital Visual Interface，DVI）转变为 DisplayPort 以及高分辨率多媒体接口（High Definition Multimedia Interface，HDMI） 等， 其中 DisplayPort 不需支付授权费用而成为厂家采用的一种标准配备。DisplayPort 的影像传输接口是由视频电子标准协会制定的，可以以数字方式同步地传输音频（Audio）与视频（Video），其接头大小与通用串行总线（Universal Serial Bus，USB）是差不多的，而且也有各种不同的转接头来支持 VGA 或 DVI 等接口装置。由于技术不断地被开发以及发展，新的界面技术也相对地被推广以及使用，而所衍生的授权使用费用也是一项不可避免要考虑的基本技术性问题。

最后，新的功能及其技术被发展出来，而相应地也产生了不同层次的技术性问题。单层式触摸屏以及内嵌式触摸屏开发是未来的趋势之一，但是其间仍存在不少的挑战性技术问题。这些挑战性技术问题，包含有感应电极的几何形状、感应电极的面积大小、配线电阻的大小、配线相互感应和干扰性、配线布局的几何形状及其大小、与显示器面板 VCOM 层之间的距离大小、显示器面板 VCOM 层之间的信号干扰效应等。

9.2　触摸屏技术的未来发展性

触控的概念已逐步地进入人类的生活以及生产中，诸如宏达电的智能手机强调"触动人心"，三星公司的消费性产品主打"触触感动"，诺基亚公司的产品则是着重于"随触可得"。

触摸屏的技术，可分为外建型（Add-on Type）以及内嵌式（Embedded Type）等。外建型（Add-on Type）触摸屏即是外挂式（Out-Cell Type）触摸屏；而内嵌式（Embedded Type）触摸屏又可分为贴附式（On-Cell Type）以及嵌入式（In-Cell Type）两种。

就外挂式触摸屏技术而言，从其结构的组成可分为第一代触摸屏、第二代触摸屏、第三代触摸屏等。由外挂式触摸屏演变成表贴式或表嵌式触摸屏，乃至于衍进成内嵌式触摸屏，甚至于未来会发展成混合式触摸屏。其基本的结构如下所述。

第一代触摸屏的结构是显示器模块（Liquid Crystal Module，LCM）、贴合胶（OCA）、感应玻璃（Sensor Glass）、贴合胶（OCA）以及保护玻璃（Cover Glass）等。其中的感应玻璃即是触摸屏，而且是以硬质且镀有 ITO 的苏打石灰玻璃（ITO- Coated Soda-Lime Glass）为主要的基材。其基本结构的示意图如图 9-2 所示。

第一代　　　　　　　　　　新时期

图 9-2　第一代触摸屏的基本结构示意图

第二代触摸屏的结构是显示器模块（Liquid Crystal Module，LCM）、贴合胶（OCA）、感应薄片（Sensor Film）、贴合胶（OCA）以及保护玻璃（Cover Glass）等。其中的感应薄片即是触摸屏，而且是以软质且镀有 ITO 的薄片（ITO-Coated PET）为主要的基材。其基本的结构示意图如图 9-3 所示。

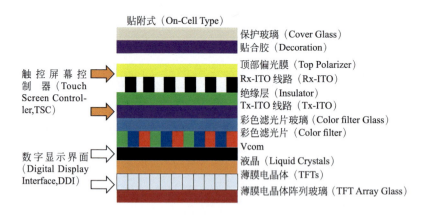

图 9-3　第二代触摸屏的基本结构示意图

第三代触摸屏的结构是显示器模块（Liquid Crystal Module, LCM）、贴合胶（OCA）、强化感应玻璃（Sensor Glass）以及保护玻璃（Cover Glass）等。其中的强化感应玻璃即是触摸屏，而且是以硬质且镀有 ITO 的强化玻璃（ITO-Coated Strengthened Glass）为主要的基材。其基本的结构示意图如图 9-4 所示。第三代触摸屏就是未来要发展的单片玻璃解决方案（Single Glass Solution），其最大特点是仅需一层贴合胶（OCA）以及感应玻璃，一层贴合胶（OCA）与保护玻璃整合成一片强化感应玻璃（Strengthened Sensor Glass）。

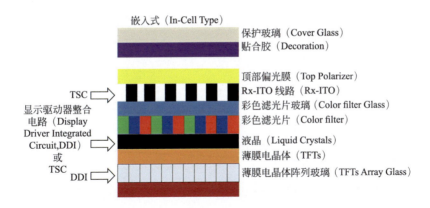

图 9-4　第三代触摸屏的基本结构示意图

就嵌入式触摸屏技术而言，其结构的组成而可分为贴附式（On-Cell Type）以及内嵌式（In-Cell Type）两种；贴附式有时也称之为表嵌式，英文是一样的而中文翻译上有时有些差异。目前的嵌入式触摸屏是以贴附式（On-Cell Type）触摸屏为主，而未来内嵌式（In-Cell Type）触摸屏将成为研究的重点。然而，就大量生产并降低成本而言，内嵌式（In-Cell Type）触摸屏仍有其技术的挑战性，这是因为内嵌式（In-Cell Type）触摸屏是将感应器（Sensor）制作于液晶胞（Liquid Crystal Cell）之内，在制程以及材料的兼容性就存在着不少技术性问题。无论是外挂式或内嵌式触摸屏，它们的结构以及性能各有其不同的特色以及优缺点，如表9-1所示。

表9-1　外挂式或内嵌式触摸屏的特色及其优缺点

产品	外挂式触摸屏	内嵌式触摸屏
应用技术	电容式	内嵌光学式、内嵌电阻式、内嵌电容式
特点	两层构造	单层构造
透光度	90% 左右	100%
轻薄度	双层玻璃较厚重	单层玻璃较轻薄
优点	发展成熟	附加价值高
缺点	附加价值低	良品率问题需提高

单层式触摸屏的种类，依其制程处理排序上的不同可分为单片玻璃解决方案（One Glass Solution，OGS）以及触控在保护玻璃上（Touch On Lens，TOL）两种，其基本制作流程的示意图如图9-5(a)以及图9-5(b)所示。

单片玻璃解决方案（OGS）是将X/Y感应电极配线以透明导电膜（ITO）方式整合于表面玻璃下方，不需要再贴附一层保护玻璃的单层式触摸屏技术，表面玻璃即是具有保护功能的保护玻璃（Cover Lens）。是双玻璃（GG）触摸屏技术也就是双层式触摸屏技术，它的结构是一层保护玻璃以及一层透明导电薄膜（ITO）玻璃，而$X/$

Y 感应电极配线制作于同一层，然后将这两片玻璃以光学胶相互地贴合而成。

就单片玻璃解决方案（OGS）而言，其基本的制作流程可以分为大片式的（Sheet-type）以及小片式的（Chip-type）两种制作流程。

大片式的单片玻璃解决方案（Sheet-type OGS），其制作流程是先将大片玻璃母片进行化学强化处理，其次再导入一般的触摸屏制程技术，然后切割成小片玻璃，进行后续强化处理且保持一定玻璃强度。此技术的特点有适用于投射式电容多点触控技术、保护玻璃以及触控感应玻璃整合一体化、高精密度黄光微影制程、窄边框的设计需求、简化生产流程、可高效率化生产、良好的触控功能、良好的光学性等。在触控功能上，电容、电阻式的负载较薄膜式的要小；在光学特性上，其光穿透率可达 90%。

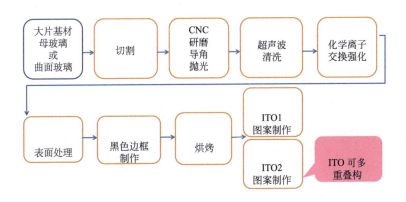

（a）单片玻璃解决方案（OGS）

图 9-5

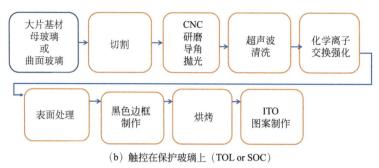

（b）触控在保护玻璃上（TOL or SOC）

图 9-5　单层式触摸屏的基本制作流程的示意图

小片式的单片玻璃解决方案（Cell-type or Chip-type OGS），此技术有时简称为 TOL 技术，而其制作流程是先将大片玻璃母片切割成小片玻璃，其次进行化学强化处理，然后导入一般的触摸屏制程技术。此技术的特点有适用于投射式电容多点触控技术、超薄超轻的单片式玻璃触控模块、可曲面化保护玻璃（2.5D Cover）、超窄边框的设计需求、简化生产流程、可高效率化生产、良好的触控功能、良好的光学性等。

强化玻璃整合型触控屏幕（Touch On Cover Window/Glass，TOC）、显示面板内嵌式（LCD/OLED）触控屏幕，以及其他类型触控技术等也陆续地在发展中。

专有名词

01. 人机接口功能（Human-Machine Interface，HMI）：一种可使人类以及机器之间产生互相沟通，促使机器按人类的指令进行作业的中间连接性功能。

02. 辊轮对辊轮式的制程（Roll-to-Roll Process）：软且可挠性基板安装于一传送辊轮以及一接收辊轮，经由其中间的蒸镀制程而将薄膜沉积于基板的方式，此种制程方式称为辊轮对辊轮式的制程。

03. 悬浮触控技术（Floating Touch）：这是一种导体以及非导体均可适用的全新型触控技术，手指不需要直接地碰触，即可完全地移动屏幕上的图形对象而实现点选以及浏览等功能。当手指头与屏幕表面之间的距离保持在 15 ~ 20cm 之内，即可获得如鼠标般的操作功能。悬浮触控技术同时具有自电容以及互电容的特性，自电容仅作单点触控功能，而互电容可作多点触控功能。

04. 第一代触摸屏：第一代触摸屏的结构是显示器模块、贴合胶、感应玻璃、贴合胶以及保护玻璃等；其中的感应玻璃即是触摸屏，而且是以硬质而镀有 ITO 的苏打石灰玻璃为主要的基材。

05. 第二代触摸屏：第二代触摸屏的结构是显示器模块、贴合胶、感应薄片、贴合胶以及保护玻璃等；其中的感应薄片即是触摸屏，而且是以软质而镀有 ITO 的薄片为主要的基材。

06. 第三代触摸屏：第三代触摸屏的结构是显示器模块、贴合胶、强化感应玻璃以及保护玻璃等；其中的感应玻璃即是触摸屏，而且是以硬质而镀有 ITO 的强化玻璃为主要的基材。

07. 鬼点效应（Ghost Point Effect）：在触摸触摸屏过程之中，因为所触摸的点区域产生实际动作，但是系统又因感应而误判其他的点区域，进而做出同样的动作，因此造成误判的此点区域就形成所谓的鬼点效应，又可称之为虚点效应。

08. 单片玻璃解决方案（One Glass Solution, OGS）：单片玻璃

解决方案（OGS）是将 X/Y 感应电极配线以透明导电薄膜（ITO）方式整合于表面玻璃下方，不需要再贴附一层保护玻璃的单层式触摸屏技术，表面玻璃即是具有保护功能的保护玻璃（Cover Lens）。大片式的单片玻璃解决方案（Sheet-type OGS），其制作流程是先将大片玻璃母片进行化学强化处理，其次再导入一般的触摸屏制程技术，然后切割成小片玻璃，进行后续强化处理并保持一定玻璃强度。

09. 触控在保护玻璃上（Touch On Lens，TOL）：此技术有时简称为小片式的单片玻璃解决方案（Cell-type or Chip-type OGS）技术，而其制作流程是先将大片玻璃母片切割成小片玻璃，其次进行化学强化处理，然后导入一般的触摸屏制程技术。

📖 习题练习

01. 触摸屏技术的基本问题有哪些？

02. 关于触摸屏技术的未来发展性，请简单地描述以及说明一下。

03. 悬浮触控技术（Floating Touch）发展性及其潜力性的应用领域。

04. 单片玻璃解决方案（OGS）以及内嵌式（In-Cell Type）触控技术的未来发展性。

05. ITO 透明导电膜及其相关替代性潜力型材料的未来发展性。

06. 请就投射电容式触摸屏技术的专利现况及其布局分析，做一简单描述。

📖 参考文献

01. N. Beckie, *"Touching Large Displays"* Information Display, Vol. 21, No.1 (2005) 22–25.

02. G. Walker, *"The Apple iPhone's Impact on the Touch–Panel Industry"* Information Display, Vol. 23, No.5 (2007) 8, 79.

03. G. Largillier, *"Developing the First Commercial Products that Uses Multi–Touch Technology"* Information Display, Vol. 23, No.12 (2007) 14–18.

04. D. A. Soss, *"Advances in Force–Based Touch Panels"* Information Display, Vol. 23, No.12 (2007) 20–24.

05. G. Walker, *"Display Week 2009 Review: Touch Technology"* Information Display, Vol. 25, No.8 (2009) 8–11.

06. M. Hamblin, *"Taking Touch New Frontiers: Why it Makes Sense and How to Make it Happen"* Information Display, Vol. 26, No.3 (2010) 36–39.

07. G. Walker, *"The Best of Times"* Information Display, Vol. 26, No.3 (2010) 4, 45. J. Donelan, *"Touch Takes off at Display Week 2010"* Information Display, Vol. 26, No.3 (2010) 42–43.

08. P. C. Pan and H. S. Koo, *"Implementing Touch Function into Flexible Panel to Be Flexible Touch Panel"* 7th International Symposium on Transparent Oxide Thin Films for Electronics and Optics (TOEO–7), [Invited Talk] March 14–16, 2011, International Conference Center, Waseda University, Tokyo Japan (2011)

pp.83.

09. B. Rushby, *"The Future of the Fifth Screen"* Information Display, Vol. 26, No.4 (2010) 4, 39. G. Walker, *"Display Week 2010 Review: Touch Technology"* Information Display, Vol. 26, No.8 (2010) 6–9.

10. L. Y. Chung, C. H. Cheng, P. C. Pan and H. S. Koo, *"Combining Image Sensor on the Panel to Increase the Touch Function"* 7th International Symposium on Transparent Oxide Thin Films for Electronics and Optics (TOEO–7), [Oral Presentation] March 14–16, 2011, International Conference Center, Waseda University, Tokyo Japan (2011) pp.174.

11. S. P. Atwood, *"The Evolution of User Interfaces"* Information Display, Vol. 27, No.3 (2011) 2, 44.

12. D. Lee, *"The State of the Touch–Screen Panel Market in 2011"*, Information Display, Vol. 27, No.3 (2011) 12–16.

13. T. Nishibe and H. Nakamura, *"Value–Added Integration of Functions for Silicon–on–Glass based on LTPS Technologies"* J. of Soc. Inf. Displays, Vol. 15, No. 2 (2007) 151–156.

14. Nakamura, H. Hayashi, M. Yoshida, N. Tada, M. Ishikawa, T. Motai, H. Nakamura and T. Nishibe, *"Incorporation of Input Function into Displays using LTPS TFT Technology"* J. of Soc. Inf. Displays, Vol. 14, No. 4 (2006) 363–368.

15. C. Bauman, *"How to Select a Surface–Capacitive Touch–Screen Controller"* Information Display, Vol. 23, No.12 (2007) 32–36.

16. T. S. Kim and H. S. Nam, *"Interface Technologies for Flat Panel Display"* Proceedings of The 13th International Display Workshops (IDW' 06), (2006) 1969 −1972.

17. R. Lawrence, *"High−Speed Serial Interface for Mobile Displays"* Proceedings of The 13th International Display Workshops (IDW' 06), (2006) 2013−2016.

18. T. Nishibe and H. Nakamura, *"Value−Added Integration of Functions for Silicon−on−Glass (SOG) Based on LTPS Technologies"*, J. of Soc. Inf. Display, Vol. 15 (2007) 151−156.

19. J. Y. Lee, J. W. Park, D. J. Jung, S. J. Pak, M. S. Cho, K. H. Uh and H. G. Kim, *"Hybrid Touch Screen Panel Integrated TFT−LCD"* SID International Symposium Digest of Technical Papers (SID' 07), Vol. 38 (2007) 1101−1104.

20. K. Sakamoto and H. Morimoto, *"Air Touch: New Feeling Touch−Panel Interface You Don't Need to Touch using Audio Input"* Proc. of SPIE, Vol. 6833 (2007) 68331O−1~68331O−8.

21. K. Sakamoto, A. Tanaka and M. Adachi, "Multi−Viewing Angle Display and Touch−Panel Interface System for Collaborative Task Surrounding Round Table", Proc. of SPIE, Vol. 6695 (2007), 66950E−1 ~ 66950E−8.

22. H. Nakamura and T. Nishibe, *"Incorporation of Input Function into Display using LTPS TFT Technology"*, Proceedings of The 13th International Display Workshops (IDW' 06), (2006) 2017− 2020.